U0034345

CIRCLE.5

CIRCLE.5

CIRCLE.5

CIRCLE.5

Rachel L. Carson

大藍海洋

The Sea Around Us

作者◎Rachel L. Carson
譯者◎方淑惠、余佳玲

瑞秋・卡森的榮耀

1952年 —

· 費城地理學會亨利・布萊恩獎章（Henry G. Bryant Medal）
· 約翰・布羅獎章（John Burroughs Medal）

1955年 —

· 全美大學婦女聯合會成就獎（American Association of University Women）成就獎

1963年 —

· 美國動物福利學會（Animal Welfare Institute）史懷哲獎章（Albert Schweitzer Medal）
· 美國國家野生動物基金會（National Wildlife Foundation）年度保育人士
· 美國花園會社（Garden Club of America）保育最高獎章（Isaak Walton League of America）
· 美國艾西克沃爾頓聯盟（Issak Walton League of America）環保獎章
· 第一位得到奧杜邦協會獎章（Audubon Society Medal）之女性
· 美國國家地理學會（American Academy of Arts and Letters）柯倫獎章（Cullum Medal）
· 美國藝術暨文學學會研究院（American Academy of Arts and Letters）終身院士

1980年 —

· 美國卡特總統追贈總統自由獎章（Presidential Medal of Freedom）

自古以來，海洋一直挑戰著人類的智識與想像力，時至今日，它仍是地球上最後一塊未知的疆域。海洋幅員遼闊，探索不易，儘管人類竭盡所能，也只能窺知一二，即使進入科技昌明的原子時代，情況仍無多大改變。二次大戰期間，人類發覺自身的海洋知識十分匱乏，我們對於船隻與潛艦航行通過的海洋世界，僅有最粗淺的地理概念，對於海洋的律動，所知也十分有限，然而預測潮汐、洋流與海浪變化的能力，卻是軍事行動的成敗關鍵，因此，人們便掀起了一股探索熱潮——既然探索海洋確實有其必要，美國及其他主要海上強國便開始投入心力，從事海洋科學研究。透過各種因應此迫切需求而

生的儀器與設備，海洋學家終於得以探查海底地形，研究深海海流變化，甚至從海床上採集研究樣本。

這些日新月異的研究不久即證明，人類對海洋所抱持的許多舊觀念，都是謬誤至極。一直到二十世紀中葉，人類才建立了全新的概念，但這只像是一幅僅具雛型的巨幅油畫，上頭繪著藝術家所華麗構思的基本架構，仍有大片空白區域留待該藝術家揮灑畫筆。筆者在一九五一年撰寫本書時，人類對海洋的認識便是如此，但後來，人類開始不斷地填補這些空白，陸陸續續都有新的發現，其中最重要的新資訊，都已收錄在這本特別版中。

※　※　※

一九五〇年代是海洋科學研究的鼎盛時期，這段期間，曾有一艘載人小潛艇潛入海床上最深的洞穴裡，另外，也有潛艇在冰下潛行，橫越整個北極盆地。過去未知的海底世界有許多特點逐一揭露，例如，人們發現某條山脈似乎與其他山脊相連，形成地球上綿延最長、最雄偉的山脈，那就是環繞全球、綿延不斷的海底山系。此外，人類也發現了隱匿於深海中的洋流，以及流量千倍於密西西比河的面下流。在「國際地球物理年」中，曾有四十個國家的六十艘船隻，與數百個位於島嶼和海岸上的研究站合作，一起執行海洋研究計畫，成果極為豐碩。

雖然目前的成就十分振奮人心，但還只能算是初期的研究，未來人類仍須再接再厲，努力探索這片覆蓋地表大部分區域的廣闊深洋。一九五九年，由一群頂尖科學家所組成的美國國家科學院海洋學委員會（Committee on Oceanography of the National Academy of Sciences）表示：「相較於海洋對人類的重要性而言，人類對海洋的了解實在極為匱乏。」他們建議，美國的基本海洋研究計劃在一九六〇年代應該擴增至少一倍以上，否則和其他國家相比，「海洋學在美國的地位將不保，而未來美國在海洋資源的利用上也會逐漸處於劣勢。」

人類現今所規劃的未來研究計劃中，有許多構想都十分特殊，其中一項就是在海底鑽鑿一個五至六公里半深的洞，以探勘地球內部。這項計畫由美國國家科學院資助，目的在深入儀器從未到達之處，來到地殼與地涵之間，即地質學家所稱的莫氏不連續面（Mohorovicic discontinuity），也就是大家所熟悉的「莫荷界面」（Moho，一九一二年由一位南斯拉夫人莫荷羅維奇發現，因而以他的姓氏為名）。地震波在通過莫荷界面時，傳遞速度會產生極大的改變，這表示震波已由某物質傳導至另一種性質完全不同的物質上。莫荷界面距離海底較近，而與大陸的距離很遠，因此，雖然在深海鑽鑿十分困難，但海床仍然是最理想的探勘鑽鑿地點。

莫荷界面的上方是地殼，由質量較輕的岩石所組成，界面下方則為地涵，約二千九百公里厚，包覆著炙熱的地核。人類到現在仍未完全明瞭地殼的構成成分，至於地涵的性質，也只能用最間接的方式推測得知。若能深入這些區域，採回實際樣本，人類對地球的了解便可邁進一大步，甚至可能提升我們對宇宙的認識，因為地球的內部結構可能與其他行星相類似。

※　※　※

透過許多專家所做的綜合研究，我們對海洋有了更深的了解，逐漸成形的新概念也幾乎可以確立。比方說，一直到十年前左右，人類仍然以為深海底下必定平靜無波，認為這個幽暗的深處不受任何水流影響，頂多只有一些緩緩流動的洋流，不但完全與海面隔絕，也和淺海地區毫無關聯。但這個觀念很快便被另一個觀點所取代，人類發現，深海中其實充滿了洋流與變動，這個新觀點不但更能振奮人心，也成為解決當代某些十分迫切問題的關鍵。

人類建立了新的概念，明白海洋內部其實充滿了變化，湍急洶湧的亂流或泥流會沿著海洋盆地急速奔流而下，沖積成深海海床，有時海底還會發生崩塌，或受內潮影響。有些海底山脈山頂與山脊上的沉積物，會被洋流掃得一乾二淨，地質學家希曾（Bruce Heezen）形容，這些洋流就好比「阿爾卑斯山的雪崩，沿著山坡傾瀉而下，掩覆山坡上所有的起伏地形。」

現在人類也已明白，深海平原並不是完全與環繞四周的大陸和淺海隔絕，而是堆積著來自大陸邊緣的沉積物——在悠遠的地質演進史中，深海亂流不斷以沉積物來填補海床上的海溝和空洞。這個觀念有助於我們了解某些迄今仍懸而未決的疑問，例如，為何在海底中央會有沙石沉澱？答案是：這些沙石顯然是海岸侵蝕和海浪沖刷所形成的產物。此外，直通深海的海底峽谷，其谷口的沉積物中，為何會有小木塊和樹葉等來自陸地的東西？為何在更遠的深海平原上，也會在沙石沉積物中發現核果、小樹枝和樹皮？

答案是：暴風雨、洪水或地震都可能造成飽含沉積物的潮流奔騰傾瀉而下。透過這些潮流，我們現今已能找到解釋，來說明某些過去曾經匪夷所思的事實。

※　※　※

雖然我們現有的概念（也就是海洋多變的觀點），可能早在數十年前便已成形，但一直到過去十年許多先進儀器問世後，人類才得以一窺隱藏於海中的洋流運動。如今，我們推測那些介於海面與海底間的幽暗地區，都受到洋流影響，甚至強勁如墨西哥灣流之類的海面流，也並非如我們過去所想。現在我們知道，墨西哥灣流並不像一條寬闊、平穩流動的河流，而是包含了許多條狹窄的暖水急流，這些激流不時形成旋渦並迴流，而在這道海面流下方，則是其他截然不同的洋流，各有不同的流速、流向與流量，而且這些洋流之下又有其他洋流。過去人們以為海底永遠平靜無波，但檢視在深海拍攝的海底照片時，卻能見到波紋，顯示水流正在篩檢沉積物，帶走較細小的顆粒。此外，名為大西洋洋脊的海底山脈，山頂陵線的多數地區均受到強大的洋流剝蝕，在人類拍攝的每一座海底山峰照片中，都可以見到波紋和沖刷的痕跡，顯示深海洋流對山脈的作用。

其他照片則證明了深海底下也有生物存在——海床上留有種種的生物痕跡，海底佈滿了由不知名生物所築起的小圓錐形物體，以及小型穴居生物棲息的洞穴。丹麥研究船「加拉提亞號」（Galathea）就曾在深海中以挖掘機採樣，並取回活體生物樣本。然而，就在不久前，人類仍以為深海生物太過稀少，以這種採樣方式難以採到樣本。這些發現證明海洋確實變化多端，而且這個結論並非不切實際的純學術研究結果，也不只是某個故事裡的驚人細節，雖有趣但毫無實際貢獻，事實上，這與我們當代的重大問題有直接且立即的關聯。

※　※　※

身為地球資源的管理者，人類過去的所做所為實在不太光彩，但我們一直自我安慰，堅信至少海洋並沒有受到侵擾，因為以人類的能力，尚不足以對海洋造成任何改變或破壞。但是很不幸，事實證明這個想法太過天真了！尤其是現代人在解開原子之謎後，發現自己正面臨一個可怕的問題：該如何處理地球史上最危險的物質──原子分裂所產生的副產品？最大的困難在於，人類是否有能力妥善處理這些危險物質，而不危害到地球的居住環境。

除非我們將這個可怕的問題列入考量，否則所有關於海洋的紀錄都不算完整。由於海洋廣闊無涯，看似遙遠無際，因此許多人在面臨處理廢棄物的問題時，都會想到海洋。人類對這種做法很少詳加探討，一般大眾也不曾加以注意（至少在一九五〇年代後期以前一直都是如此），於是海洋獲選為原子時代污染性垃圾，以及其他「低放射性廢料」的「天然」掩埋場。他們將這些廢棄物置於桶中，再以水泥密封，拖運至外海，傾倒在預定的地點。有些廢棄物被運到一百六十公里以外的海域，但最近也有人提議將它們丟棄在約三十二公里外的近海地區。雖然人類計畫將這些裝廢棄物的桶子沉到大約一千八百公尺深的地方，但實際上，這些桶子有時卻會被丟棄在較淺的海域，假設這些容器的壽命至少十年，那麼十年過後，任何一種殘存的放射性物質都會外洩至海中，而且十年還只是理論上的推測而已，美國原子能委員會一位代表曾公開承認（該委員會或許曾傾倒廢棄物，或許曾核准他人這麼做），這些盛裝廢棄物的容器沉至海底時，不可能仍然保持「完整」。事實上，根據在加州所做的測試，這些容器有的只在數百公尺深之處便因壓力而破裂。

遲早有一天，這些已經沉在海裡、封在容器裡的廢棄物會外洩到海中，而未來人類更廣泛運用原子科學時，必定還會製造出更多廢棄物並傾倒於海中，加上如今河流也成了原子廢棄物的傾倒場，因此除了已封裝沉入海底的廢棄物外，受污染的河水也會流入海中。此外，原子彈試爆後產生的輻射塵，大多也都落在廣大無垠的海面上。

※　※　※

縱使管理機構聲稱這種處理方式安全無虞，但他們的立論依據卻極不可靠。海洋學家表示，他們只能「大概估計」放射性物質外洩至深海後的情況，並宣稱必須經過數年的仔細研究，才能了解在河口和沿海地區傾倒這類廢棄物所造成的後果。如我們所見，近來研究的結果顯示，海洋由深至淺各層面的活動，都比人類過去所推測的更頻繁：深海亂流四處奔竄，強勁洋流層層交疊，各自朝不同方向水平移動，深海海水夾帶著海底礦物向上湧升，加上大量淺海海水下沉至海底，這種種現象造成的大規模海水混合作用，遲早會讓放射性污染遍佈全世界。

海洋本身會傳遞放射性物質還只是問題的冰山一角，從人類受害的角度來看，海洋生物集中並傳佈放射性同位素，可能會造成更嚴重的問題。海中的動、植物會吸收放射性化學物質，使這些物質集中，這點已經是眾所周知，但目前人類對這個過程的細節，卻只有概略的了解。海裡的微生物以水中礦物質為生，若礦物質含量不足，這些生物便會轉而利用水中含有的放射性物質，來攝取所需元素，因此這些生物體內的放射性物質含量，有時甚至比海水中的放射性物質含量高出百萬倍。但這又與人類精心計算而得出的「最高容許標準」有什麼關聯呢？答案是：微生物會被較大生物吞食，如此環環相扣，順著食物鏈向上追溯，會發現人類也是其中一環。由此推論，在比基尼島核彈試爆點方圓二百六十萬平方公里範圍內的鮪魚，體內放射線含量將會比海水中的放射性物質含量高出非常多。

※　※　※

人類天真地以為，放射性廢棄物會一直留存在原來傾倒的地點，然而，海洋生物的移動和遷徙，已經推翻了這種想法。比如說，海中的小型生物習慣在夜間大批浮游至海面，日間再沉降至深海，而牠們身上所沾附或體內所吸收的放射性物質，就這樣隨之移動。此外，魚類、海豹和鯨魚等較大型動物，也可能遷徙至遠方，因而助長了海中放射性物質的擴散與傳佈。

總而言之，問題遠比人類所想的更複雜、更嚴重，甚至，從人類開始在海中傾倒廢棄物至今這段短短的期間內，就已經有研究發現，這種作法所根據的某些想法，其實謬誤至極，可能造成極大的危害。事實上，在人類知識還沒辦法確定這種作法有無危害以前，我們就早已實施多年了。先棄置而後研究，無疑是招禍降臨，因為放射性物質一旦進入海水中，便無法再回收，可謂一失足鑄成千古恨。

海洋是生命的源頭，創造了生物，如今卻受到其中一種生物的活動所威脅，這種情形是多麼怪異啊！不過，儘管海洋環境日漸惡化，這片大洋仍將繼續存在，而真正受害的，其實是生物本身。

瑞秋．卡森

撰於一九六〇年十月

馬里蘭銀泉市

混沌初始

地球尚未成形，仍是空無飄渺；
而海洋，則罩著玄黑面紗。
——聖經創世紀

世間萬物在初始之際往往都是混沌不明，萬物之母——海洋在初形成時也是如此。許多人都曾針對海洋的形成原因與時間提出自己的觀點，然而他們的看法未必一致，因為最顯而易見且不容辯駁的事實是，沒有人親眼目睹海洋形成，既然沒有目擊者出面描述當時的情形，大家的說法當然就多少有些出入。我在此所講述的地球誕生初始海洋成形的始末，當然也只是參考各方說法拼湊而成的故事，因此這一整章所描述的種種細節，也都只存在於我們的想像中。這個故事的依據，有一部分是地球最古老岩石中所包含的種種記錄，在地球初生之際，這些岩石都不過是新生石；另一部分的根據，則是刻劃在地球的衛星——月球表面的風霜痕跡；還有一部分的根據，是太陽及眾星羅列之宇宙的歷史中所包含的微妙證據。雖然無人目睹這場宇宙中的新生事件，但是太空中的天體、月球和岩石卻都是目擊者，也都能確實證明海洋的存在。

無聲的岩石
訴說誕生的故事

我所描述的這些事件，應該是發生於二十億年前左右。根據目前科學所能做的最精確判斷，這大約也就是地球誕生之時，而海洋必定也是在同時期形成。如今，人類已可藉由測量岩石中放射性物質的衰變率，來斷定地殼組成的岩石年齡，而目前地球上最古老的岩石發現於加拿大曼尼托巴（Manitoba），大約在二十三億年前形成。地球物質大約需要一億年才能冷卻成為岩石地殼，由此我們可假定，促成地球誕生的種種雷霆萬鈞、驚天動地的事件，大約是發生於二十五億年前。

然而，由於人類不斷發現更古老的岩石，研究方法也日新月異，因此對地球年齡的認定也不斷在改變中。地質學家一致認為，目前的地質時間概念在將來一定會大為延長，他們已試著調整各地質年代的長度（見第三十四—三十六頁圖表），而寒武紀的年代更比十年前所判定的還要早一億年。然而，最大的謎團卻是存在於寒武紀之前的那段悠遠朦朧時期，在這段時間裡，沒有任何化石記錄留下來，無論當時地球上存在著何種生物，都幾乎沒有留下蹤跡，不過根據間接證據，我們可以推論，在地球出現生物化石前，生物數量就已十分豐富了。

藉由研究岩石，地質學家已建立數個良好的基準點，足以劃分那些漫長的地質年代，也就是圖表中的原生代和始生代。根據這些基準點來判斷，位於北美東邊的古格瑞維爾山脈（Grenville）約形成於十億年前，這些古山脈岩石和安大略省的古岩石一樣，都曝露在地表，並包含大量石墨。由於植物是碳元素的常見來源，因此這些石墨成份也就成為無聲證據，足以證明在這些岩石生成時，地球上確實有大量植物存在。另外，位於美國明尼蘇達州和加拿大安大略省的潘諾基安山脈（Penokean），也就是過去地質學家所稱的基拉尼山脈（Killarney），大約已形成十七億年之久，這些曾經高大雄偉的山脈，如今卻以低矮綿延的丘陵樣貌展現於世人眼前。人類在加拿大、俄國和非洲仍繼續發現更古老的岩石，這些岩石的生成年代可追溯至三十億年前，顯示地球本身很可能是在四十五億年前誕生。

翻騰的陸潮掀起濤天巨浪
終於脫離地球而拋向太空

新生的地球甫脫離母星太陽時，只是一團混沌灼熱的氣體，受到極大的力量所控制，沿著某條路徑、以某種速度，急速穿過黑暗的宇宙太空。漸漸地，這團熾熱的氣體開始冷卻，逐漸液化，地球於是成為一團熔岩狀物體，這個物體中所包含的種種物質，最後以明確的模式逐漸分層：密度最高的物質沉向地心，密度次之的圍繞地心，而密度最低的則形成外緣。這個模式一直持續至今，地心是熔岩狀的鐵，溫度幾乎和二十億年前一樣高，外圍是半熔岩狀的玄武岩圈，最外層則是十分淺薄而堅硬的地殼，由固態玄武岩和花崗岩所組成。

新生地球的最外層歷時數百萬年才從液態成為固態，據了解，在地殼完全凝固之前，發生了一件十分重要的事，就是月亮的誕生。下一次你在夜晚駐足於海灘，凝望著映照於海面的月華，覺察到月球所牽引的潮汐起伏時，請記得月球之所以形成，很可能是因為地球在某一次的大陸潮中，將地球物質拋入了太空。此外，也不要忘了，如果月球真的是以這種方式生成，這個事件也可能和我們所知的海盆與大陸的形成極有關聯。

早在海洋形成之前，初生的地球便已經有潮汐了。地球表面的熔岩狀液體受太陽引力的牽動，湧起成為潮浪，繞著地球通行無阻，直到地殼冷卻、凝固、變硬，陸潮起伏才逐漸趨緩消失。主張地球生成月球的人表示，在地球成形初期，發生了某事件導致翻騰流動的陸潮開始加速，蓄積動能，掀起難以想像的濤天巨浪。這些前所未見的大浪顯然是由共振力所造成，而當時太陽潮的周期，愈來愈接近地球液態表面的自由振盪周期，最後兩個周期重疊，因此每一次太陽潮來臨時，都會因地表振盪推升而蓄積更多動能，於是，在一天二次的漲潮周期中，每一次陸潮的規模都大於前次。根據物理學家計算，這種巨大的陸潮規模在五百年間持續增強，最後，受太陽牽引的那一面漲得太高，無法維持穩定，於是這個巨浪便脫離了地球，被拋向太空。這個新生的衛星立即就受到物理法則所牽引，開始順著固定軌道繞行地球，成為所謂的月球。

有許多原因讓我們相信，在這個事件發生時，地殼已略為硬化，並非處於部分液態的狀態，因為至今地表上仍留有極明顯的痕跡，而這個痕跡（或凹痕）就是現在的太平洋海盆。根據某些地球物理學家表示，太平洋海床是由玄武岩組成，而玄武岩卻是屬於地球中層的物質，至於其他海洋的海床，則都是薄薄的一層花崗岩，和地球外層的主要組成物質相同，因此我們不禁懷疑，覆蓋在太平洋海床上的花崗岩到哪兒去了？最簡單的假設就是，這層花崗岩表面在月球成形時便已脫離地表。這個假設是有根據的，因為月球的平均密度比地球低得多（月球為三點三，地球則有五點五），顯示月球並未取得地球上密度較高的鐵礦，而僅由花崗岩和地球外層少量的玄武岩所組成。

除了太平洋之外，地球其他海洋的形成可能也和月球誕生有關。在部分地殼脫離地球後，剩下的花崗岩地殼受到張力拉扯，於是在相對於凹痕（也就是月球形成時所造成的痕跡）的另一面形成了裂口。而在地球以地軸為中心自轉，並沿著軌道在太空中公轉時，地表的裂口很可能也跟著擴大，使花崗岩物質逐漸漂移至黏稠且緩緩變硬的玄武岩層之上，漸漸地，玄武岩層的外部凝成固態，漂移的大陸也靜止下來成為陸地，而在陸地之間則有海洋相隔。儘管有多項反對理論，但根據地質證據顯示，地球自遠古時期至今，主要海盆和大陸陸塊的位置，幾乎一直維持不變。

熱岩滿佈且烏雲盤旋的黑暗煉獄裡
大陸和海盆輪廓慢慢刻蝕而出

不論如何，這些都是後話，因為在月球形成之際，地球上並無海洋，只有厚厚的雲層包覆著逐漸冷卻的地球，而這個新生行星上的水分，幾乎都存在於這些雲層中。在極長的一段時間裡，地表始終維持著極高的溫度，使水分一降到地表，就立即變回水蒸汽。這層濃密的雲層不斷補充水氣，厚實的烏雲想必阻絕了所有的陽光，因此，就在黑暗中，熾熱岩石滿佈、層層烏雲盤旋的陰暗煉獄裡，大陸和空蕩海盆的粗略輪廓慢慢地從地表刻蝕而出。

在地殼溫度冷卻到一定程度後，地表便開始降雨，從那時到現在，地球上再也不曾出現這種降雨情形，大雨日以繼夜不斷落下，連下了數天、數月、數年甚至數百年，雨水澆灌著空無一物的海盆，或落在大陸陸塊上，最後匯積成大海。

隨著雨水逐漸流入海盆，原始海洋的海水也大量增加，但所含的鹽分想必非常稀薄。不過，降雨也代表大陸開始受到侵蝕——自大雨降下的那一刻起，陸表就開始遭到侵蝕，而溶解的物質就隨著雨水流入海中。這是個不斷持續、無可阻擋且永不停歇的過程，雨水侵蝕岩石、溶解其中所含的礦物，並將岩石碎屑和溶解的礦物帶入海中，經過極長的時間，這些來自陸地的鹽分，就讓海水變得愈來愈苦。

經過無數次的嘗試與失敗 第一個活細胞終於出現

海洋到底如何產生出原生質這種神秘又奇妙的物質，至今仍是個不解之謎。在溫暖、微亮的海水中，要從無生命的環境裡創造出生命，未知的溫度、壓力和鹽度等條件必定是主要關鍵，無論是煉金術士用坩堝提煉，或是現代科學家在實驗室裡百般嘗試，都無法得到這些環境條件所創造出的成果。

在第一個活細胞形成之前，生命可能早已經過了無數次的嘗試與失敗。或許在溫暖並帶有鹽分的原始海洋中，二氧化碳、硫、氮、磷、鉀和鈣等元素，形成了某些有機物質，而這些物質可能就是原生質複合分子生成的過渡階段，這些分子以某種方式獲得了自我繁殖的能力，自此之後，生命便生生不息。但是，目前還沒有人能夠確切指出生命的形成過程。

地球上首次出現的生命，可能只是簡單的微生物，類似目前人類所知的某些細菌，既非植物，亦非動物，而是介於兩者之間的模糊地帶，僅僅跨越了非生物和生物之間的界線。我們無法確定這種極原始的生物是否含有植物體內所擁有的物質——葉綠素，能在陽光下將無生命的化學物質，轉化為身體組織生存所需的物質，因為在永不停歇的滂沱大雨中，可能會有微弱陽光穿透雲層，照進這些生物所居住的昏暗世界中。而當時海洋所生成的第一批生物，很可能是以海水中的有機物質為食，也可能像現在的鐵細菌或硫細菌，直接以無機物質為食。

當雲層慢慢變薄，陰鬱的黑夜開始與朦朧微亮的白晝交替，最後，太陽終於露臉，照耀著海面，而這時漂浮於海中的某些生物，必定已發展出葉綠素這種神奇的物質，如今，這些生物已可利用空氣中的二氧化碳、海水和其他元素，在陽光下製造出所需的有機物質，也因此，地球上出現了第一批植物。

當然，一定有另一群生物體內並無葉綠素，但卻需要有機食物，因此便以植物為食，於是，它們成為地球上的第一批動物。自此之後，這個行星上的每一種動物，都依循著在遠古海洋中所養成的習性，賴植物以維生，有的直接取食，有的則透過複雜的食物鏈攝取。

經過數年、數百年甚至數百萬年，生命變得愈來愈複雜，從簡單的單細胞生物，進化成聚合許多特化細胞的生物，接著再演化成更複雜的生物，開始具有嚼食、消化、呼吸及生殖等器官。海綿生長於海床邊緣的岩狀表面，珊瑚動物棲息在溫暖清澈的海水中，水母在海中游移漂浮，蠕蟲、海星、擁有多關節肢體的硬殼生物及節肢動物等，也都慢慢演化。植物當然也在進化，從微小藻類演變成有分支、能奇異結果的海草，這些海草隨波搖曳，被海浪從岸礁上拔起，在海中載浮載沉。

除了雨聲和刮過陸面的風聲
陸地上一片寂靜

在這段期間，陸地上仍然沒有生物，大陸的環境條件並不足以吸引生物放棄資源豐富、包羅萬象的大海，上岸移居大陸。當時的陸地環境必定是惡劣、荒涼到筆墨難以形容的地步。想像一下，整片大陸佈滿了岩石，完全沒有任何植被，而由於缺乏陸生植物，無法促進土壤形成，也無法藉由植物根部保持岩石上的土壤，因此這片大陸完全沒有泥土。陸地上滿是石塊，除了雨聲和刮過陸面的風聲，完全是一片寂靜，沒有生物的聲音，也見不到任何生物在岩石陸表上移動。

在這段期間，地球逐漸冷卻，堅硬的花崗岩地殼首先形成，接著下方也開始慢慢分層，當地球內部逐漸冷卻、收縮之後，便開始與外殼有了間隙。而為了配合逐漸收縮的內部，地殼便產生了起伏皺折，這就是地球上首度形成的山脈。

地質學家表示，在這段朦朧模糊的時間裡，地球至少有兩個主要的造山運動時期，但由於年代過於久遠，因此沒有任何岩石記錄留下，而山脈本身也早已侵蝕殆盡。之後大約在十億年前，又發生了第三次主要造山運動，造成地殼隆起，地形再次改變，但當時形成的雄偉山脈，如今只剩下位在加拿大東方的勞倫系（Laurentian）丘陵，以及覆蓋於哈德遜灣附近平坦區域上的花崗岩地盾。

造山運動只會加快陸地受侵蝕的速度，大陸受到侵蝕後，岩石碎屑和所含的礦物最後都流入海中。隆起成為山脈的陸地，必須忍受上層大氣的酷寒，在霜、雪及冰層的侵襲下，山上的岩石逐漸崩解碎裂，大雨猛烈地沖刷山丘坡地，湍急溪流帶走了山石碎屑等物質——此時，陸地上仍無植被可緩和、抗拒雨水的沖刷力量。

而在海中，生命仍繼續演化。最早的生命形式並未留下任何化石記錄，因此我們無從判定牠們的樣貌，但根據推測，這些生物很可能是軟體生物，全身上下沒有堅硬部位可保留成為化石。此外，在那段遠古時期所形成的岩石層，也因超高溫和巨大的壓力而變質，所以即使在地殼隆起皺折處的下方有化石存在，也會被摧毀殆盡。

然而，岩石中卻保留了過去五億年來的化石記錄。在進入寒武紀後，生物史開始銘刻在岩石扉頁上，當時海中生物已大幅進化，主要的無脊椎動物族群均已出現，不過地球上尚無脊椎動物、昆蟲或蜘蛛，也沒有任何動、植物發展出足夠的能力，可以登上陸惡陸地生存。因此，在大約四分之三以上的地質時間裡，大陸上都是一片荒蕪，杳無生物蹤跡，而海洋則培育著生命，讓這些生物做好準備進入大陸，並將大陸改造為適居環境。此外，隨著地球劇烈的地震和火山狂猛噴發的烈火和煙塵，山脈也有所起伏，冰河在地表來回移動，海洋也屢次浸漫大陸而後又消退。

身形瘦小的原始哺乳類動物悄悄潛行在地球縫隙中

一直到進入三億五千萬年前的志留紀後，才有生物率先從海中爬上陸地，成為地球上首次出現的陸地生物。首先登上陸地的生物是節肢動物，也就是螃蟹、龍蝦和昆蟲的始祖，是當時地球上主要的生物族群之一。這些登陸的節肢動物外型大概就像現在的蠍子，不過牠們並未完全切斷與海洋的關係，而有著奇特的生活模式：半陸棲、半水棲，就像今日在沙灘上橫行的沙蟹，必須不時衝回海裡潤溼鰓部，這點和牠的某些後代子孫完全不同。

進入志留紀以後，魚類也開始在河水中演化。為了適應水流的壓力，它們的身體兩端逐漸變得尖細，身形也開始符合流線型。在乾旱時期，乾涸池塘及瀉湖中的魚類很可能因缺氧而演化出魚鰾，以適應空氣不足的情況。其中一種生命形式還擁有能呼吸空氣的肺部，在乾旱期來臨時，能將自己埋入泥中，留下一條透氣通道連接地表，以這種方式存活。

單憑動物本身是否能成功地移居陸地，這點仍讓人十分懷疑。因為只有植物才能夠率先改善原始陸地惡劣的環境。植物能將岩石碎屑轉化為土壤，並且能保持水土，防止土壤受雨水沖刷而流失。在植物的開墾之下，荒涼空寂的岩石地表逐漸軟化。我們對於陸地上的第一批植物所知甚少，但這些植物必定與某些較大型的海草關係密切，這些海草適應了沿岸淺灘的環境，發展出強韌的莖部和依附力，以類似根部的組織緊緊地攀住岩石表面，抵抗浪潮的拉扯。在某些沿海低地，海水會週期性地漲退，但有些植物卻能夠撐過乾涸期與漲潮期，即使脫離海水也依舊能夠生存，而這項演化發展似乎也發生在志留紀。

在勞倫系造山運動周期所隆起的山脈，逐漸受到風化侵蝕，山峰上的沉積物受雨水沖刷而下，沉積於低地，當時大陸多數區域均低於陸面。海水慢慢溢出海盆，漫流至陸地，在那些日照充足的淺海地區，生物過著富足悠然的生活。但是之後海水又回流至深海海盆，許多生物因此擱淺在四面環陸的淺灘上，其中有些動物便從而發展出適應陸地生活的方法。當時的湖泊、河濱以及沿海濕地，都是動、植物的生活試煉場，適應新環境者便可生存，而不適者便遭到淘汰。

隨著陸地浮現，海水消退，陸上出現了一種奇特的類魚生物，經過數千年的演化，這種生物的鰭進化成腿，鰓也進化成肺，在泥盆紀的沙岩中，便存有這種第一代兩棲生物的腳印。

無論在陸地或海洋，生命始終生生不息，新生物演化出現，而有些舊生物則衰退消逝。陸地上出現了苔蘚、蕨類和種子植物，爬蟲類一度稱霸天下，以牠們龐大、奇異而具威脅性的身形主宰著地球，鳥類學會了在天空徜徉生活，而最原始的哺乳類動物，身形瘦小，彷彿畏懼著爬蟲類生物，只敢悄悄潛行在地球縫隙中。

我們的生命起始於母親子宮內的迷你海洋

這些陸地生物即使離開海洋而上岸生活，體內仍然帶著一部分的海洋，且這項特徵代代相傳，時至今日，仍能顯示所有陸生動物與牠們遠古時代海中先祖的關聯——無論是魚類、兩棲動物、爬蟲類、溫血鳥類還是哺乳動物，每一種生物血管內所流的血液，都和海水一樣帶有鹹味，甚至連鈉、鉀、鈣等元素的含量比例都幾乎相同。在數百萬年以前，生物的遠古始祖由單細胞進化成多細胞，而後更發展出循環系統，雖然當時在這些生物體內所循環的，不過只是海水，然而從那一天起，循環系統就成為我們代代相傳的特徵。

同樣地，在寒武紀時代海中富含鈣元素，這項特點也傳承至今，成為我們含石灰成份的堅硬骨骼。甚至連我們身體細胞內所含的原生質的化學結構，都和所有生物一樣，是遺傳自遠古海洋中出現的第一批簡單生物。由於生命起源自海洋，因此我們的生命，也起始於母親子宮內的迷你海洋，而胚胎的發育過程，也與物種的演化進程相同——從以鰓呼吸的水中生物，發展成陸地生物。

某些陸生動物後來又回到了海中：在經歷大約五千萬年的陸地生活後，某些爬蟲類在一億七千萬年前（三疊紀時期）再度回到海中。這些生物都是巨大驚人的動物，有些擁有似槳櫓一般的四肢，可以在水中划動，有些則有蹼足和細長彎曲的頸項。這些奇異的怪物在數百萬年前便已絕跡，但每當我們看到巨大海龜在海中潛泳數公里，龜殼上附著著層層甲殼生物，昭示著牠們的海洋生活，便會想起數百年前的這些生物。又過了許久，或許在不到五千萬年前，某些哺乳動物也放棄了陸地生活而重回海洋懷抱，這些生物的後代便是如今的海獅、海豹、海象和鯨魚。

在陸生哺乳動物之中，有種動物選擇棲居於樹上，牠們的手部經過大幅的演進，能熟練地運用、檢視物品，除此之外，這些生物的腦力也大幅發展，以彌補了牠們體型較小、力量不足的缺憾。後來，或許在亞洲廣大內陸的某處，這些哺乳動物從樹上回到平地，再度成為陸棲生物，牠們在過去數百萬年之間逐漸轉變為具有人類身形、大腦和性靈的生物。

最後，人類也找到了重回海洋懷抱的方法。當我們駐足於海濱時，必定懷著滿腹疑問和好奇來遠眺大海，同時也下意識認同了自己的世系淵源。我們無法像海豹和鯨魚一樣，以身體力行重回大海，但幾個世紀以來，人類憑著技術、智能和理性推論能力，極力探索、研究海洋，甚至最偏遠的地方也不遺漏，藉著運用智力和想像力，人類終於重回大海的懷抱。

首先，人類建造了船隻探索海洋表面，之後又想出辦法下潛至海床較淺處，但由於陸地哺乳動物離開海洋生活已經太久，我們必須呼吸，所以需要攜帶空氣。當我們能夠在淺海潛行後，人類又開始嚮往自己無法進入的深海地區，於是又想出辦法探測海洋深處，撒網捕捉深海生物，發明機械眼、耳，讓人類重新感受海底世界。雖然我們在許久以前便已脫離海洋，但是在我們內心深處，卻從未忘卻海洋生活。

不過，人類雖然重回生命之母海洋的懷抱，卻只能依順海洋，而無法像我們暫居地球時對大陸的開墾、掠奪一般，掌控或改變海洋。在人類所建的鄉鎮都市裡，我們常忘了地球的真正本質，也忽略了在地球漫長的歷史中，人類的存在時間不過僅如一瞬。只有在長途海上旅行的過程裡，日復一日看著隨浪潮起伏的模糊地平線、在夜間望著星辰移動，體會到地球的自轉、或獨自在水天一色的世界裡，感受著地球在太空中的孤寂時，才能真正清楚體認到地球的本質和悠悠歷史。然後，人類才會明白，我們所居住的世界其實是水世界，是由覆蓋地表的海洋所主宰的行星，而大陸，不過是陸地一時入侵了環繞全球的海洋表面，這些都是我們在陸地上從未有過的體悟。

荷姆斯年代表（單位：百萬年，一九五九年修訂）

始生代	原生代	古生代		
		寒武紀	奧陶紀	志留紀
3000	600~3000	500~600	440~500	400~440
・人類所知最古老的山脈（位於明尼蘇達州與安大略省的勞倫系區，如今只剩痕跡），約二十六億年前形成。 ・人類所知最古老的沉積岩和火山岩，受溫度與壓力影響產生劇變，無法確定年代。 ・最早的生命出現（推斷）。	・北美東邊的格瑞維爾山脈（僅存山根），約形成於十億年前。 ・潘諾基安山脈（位於明尼蘇達州、安大略省），約形成於十七億年前。 ・目前人類所知最早的冰河時期。 ・無脊椎動物出現（推斷）。	・海平面上升、下降，一度淹沒美國大部分地區。 ・第一塊清楚的化石記錄形成。 ・各大類無脊椎動物均已出現。	・北美遭海水淹沒，是史上最嚴重的一次，一半以上的大陸均在海面下。 ・最原始的脊椎動物出現。 ・頭足類動物成為海中常見生物。	・加里東山脈形成（位於英國、斯堪地那維亞半島以及格陵蘭，如今僅存山根）。 ・美國緬因州與加拿大布朗斯維克省的火山形成。 ・海水一再進犯大陸，美東鹽礦層形成。 ・陸地上首度出現生物。

中生代		古生代		
侏羅紀 135~180	三疊紀 180~225	二疊紀 225~270	石炭紀 270~350	泥盆紀 350~400
・內華達山脈形成。 ・海水最後一次淹沒東加州和奧勒崗州。 ・首批鳥類出現。	・北美西邊以及新英格蘭地區出現許多火山。 ・第一批恐龍出現。 ・某些爬蟲類重回海中。 ・小型原始哺乳動物出現。	・新英格蘭以南的阿帕拉契山形成。 ・火山熔岩形成印度德干高原。 ・赤道多數地區、印度、非洲、澳洲以及南美均出現冰河。 ・大浪淹沒美國西部，在德國形成全球最大的鹽沉積物。 ・原始爬蟲類出現。 ・兩棲動物衰退。 ・最原始的蘇鐵和針葉樹出現。	・美國中部最後一次受海水淹沒，大片煤礦層形成。 ・兩棲動物迅速演化。 ・第一批昆蟲出現。 ・能形成煤礦的植物出現。	・北阿帕拉契山（自形成後始終保持在海平面以上）。 ・魚類主宰海洋。 ・第一塊兩棲生物化石形成。

中生代	新生代	
白堊紀 70~135	第三紀 1~70	更新世 0~1
・洛磯山脈、安地斯山脈、巴拿馬山脊形成，間接形成墨西哥灣流。 ・歐洲多數地區和將近半個北美均被海水淹沒。英格蘭白堊崖形成。 ・最後一批恐龍和飛行爬蟲類出現。 ・爬蟲類主宰陸地。	・阿爾卑斯山脈、喜瑪拉雅山脈、亞平寧山脈、庇里牛斯山脈以及高加索山脈形成。 ・美西的劇烈火山運動，形成哥倫比亞高原（熔岩面積將近五十一萬八千平方公里）。 ・維蘇威火山與埃特那火山開始噴發。 ・陸地大淹沒。 ・貨幣蟲石灰岩形成，其後用於建造金字塔。 ・除人類外的較高等哺乳動物出現。 ・最高等植物出現。	・美西海岸山脈，造山運動持續至今。 ・更新世冰河作用，北美與北歐大多地區均為冰原覆蓋。 ・冰河影響海平面高低。 ・人類出現。 ・現代動、植物出現。

日夜生動

沒人瞭解海洋的神秘魅力，
一波波輕柔浪潮，
似乎低喃著海中深藏的靈魂。
——美國小說家梅爾維爾（Herman Melville）

在整片海洋裡，海面生物的數量最豐富，令人眼花撩亂。如果你登船遠行，站在甲板上舉目遠眺海面，數小時的航程中，你將會看到洋面點綴的盡是微光閃爍的圓盤狀水母，鐘狀身體緩緩在水中舞動。又或是在某個清晨，你會發覺自己所通過的海面，滿佈著數不清的微生物，每一隻體內都帶著橘紅色的色素微粒，將海面渲染成磚紅色，直到正午時分，你可能仍然航行於這紅色的洋面上，至夜幕低垂時，這些生物數量甚至更多，牠們的身體發出磷光，在水上閃耀著神秘的光芒。

當然，你瞥見的可能不只是生命的豐碩。在你隔著欄杆向下望，仔細看進清澈、深綠色的海水時，一群手指般大的小魚會在突然間游過，這一刻，你會看到海中生物堅韌的生命力。這些小魚急竄而過，是為了逃命而疾速游向綠色海洋的深處，陽光照耀在魚腹，折射出金屬般的光芒。或許你從未見過追捕牠們的獵手，但在海鷗盤旋、渴望、鳴叫，等待著小魚被驅趕至水面時，你可以感覺到這些獵手的存在。

你也可能在海上連續航行數日，卻沒見到任何生物或是能顯示生命存在的事物，日復一日，只見空蕩蕩的海面和天空，因此你可能自然而然會推論，全世界再也沒有一個地方比開闊的海洋更荒涼。但是如果你有機會撒下細密漁網，在看似無生命的海水中拖曳，然後檢查漁網上的殘留物，你就會發現生命像微塵一樣，幾乎撒滿了整個海面。單是一杯海水裡，可能就包含了上億個矽藻，這種微小的植物細胞十分渺小，光憑肉眼根本無法看見。這杯海水裡也可能充滿無數的動物生命，但每一隻的體型都和塵埃相當，並且以體型更小的植物細胞為食。

漆黑的夜裡烏賊滑翔飛躍於海面彷彿一條條小飛魚

如果你在夜晚靠近海洋，會發現海面生意盎然，充滿著許多白天看不到的奇異生物。比如說小蝦，它們白天躲在陰暗的深海中，到了夜晚就像一盞盞會動的燈火，此外還有饑餓魚群朦朧的身影和烏賊幽暗的身形，這些生物讓海洋變得生氣勃勃。雖然牠們都是極為罕見的生物，不過挪威籍人種學者海爾達（Thor Heyerdahl），曾在現代一趟極特殊的旅程中見過牠們。一九四七年夏天，海爾達與五名同伴為了探索玻里尼西亞原住民是否是從南美乘木筏而來，於是乘著輕木筏在太平洋上漂流了六千九百公里。這些人在海上生活了整整一百零一天，任憑信風吹送，隨著強勁的赤道洋流飄流，就和海洋生物一樣，無可抗拒地順著風與水而向西移動。由於海爾達有這個千載難逢的好機會，可以觀察海面生物，同時又能和這些生物比鄰而居好幾個星期，所以我請他描述在海面上生活的情形，特別是夜晚的海洋風情，以下就是他寫給我的信件內容：

一大群小烏賊像飛魚一樣躍出海面，劃過天際，直到牠們用盡在水下蓄積的衝力，才無助地落回海裡，這種情景大多出現在晚上，不過偶爾在白天也可以看到。這些烏賊在滑翔飛躍時會露出鰓部，遠遠看就像一條條小飛魚，所以直到某天有隻活生生的烏賊撞到一位船員，掉在甲板上後，我們才知道自己看到的其實是十分罕見的景象。幾乎每天晚上，我們都會在甲板或竹艙頂上發現一、二隻烏賊。

根據我的親身體驗，一般海洋生物白天通常往深海游，晚上才會浮上海面，而且夜愈深，圍繞我們的生物愈多。曾經還有一條帶鰆科的黑刃鮃（Gempylus）躍出水面，正好跳上木筏，這種情形發生過兩次，其中一次甚至直接跳進船艙。由於過去從未有人親眼見過這種魚，頂多只在南美和加拉巴哥島上看過沖上岸的魚骨殘骸，加上這種魚眼睛很大，因此我猜想牠是深海魚，只在晚上才會來到海面。

在深夜裡，我們可以看到許多海洋生物，有些生物我們根本不認得，似乎都是深海魚，只在晚上才會游上海面。通常我們只看得到發出磷光的模糊身影，大小和體形都和晚餐餐盤差不多，但是有一天晚上，我們看到了三個龐大的身影，形狀不規則，大小也不同，不過都比我們的木筏大（孔提基號，長約十四公尺，寬約五公尺半）。除了這些較大型生物，我們偶爾也看到許多發著磷光的浮游生物，其中通常都有發著光的橈足類動物，大小約在一公釐左右。

這些兇猛的小海龍及牙尖嘴利的矢蟲順著海洋隨波逐流

在淺層海水的影響下，海洋各處的生物透過一連串微妙的調適，產生了相互關聯。比如說，矽藻生活於日照充足的淺海層，但這些藻類所發生的變化，卻可能深深影響棲息於一百八十公尺下岩谷中的鱈魚，或覆蓋在海底的彩色華美海蟲，甚至是在一公里下的黑暗中，爬行於海床軟泥上的蝦。

海中微小植物的活動（其中又以矽藻最重要），使得動物能夠吸收海水中的礦物質，因為許多海洋原生動物、甲殼類動物、小蟹、藤壺、海蟲和魚類，都是直接食用矽藻和其他微小的單細胞海藻族群，而一群群的小型肉食動物，也就是肉食動物食物鏈中的第一環結，則是在這些平和的草食性生物中游走。這些小型肉食動物包括約一公分的兇猛小海龍、牙尖嘴利的矢蟲、長得像鵝莓、以觸手當武器的櫛水母，以及像蝦子一樣的磷蝦，用牠們鬚狀的附屬器官過濾海水取食。由於這些生物都是隨波逐流，沒有力量也從未想過要對抗海流，因此這個奇特的生物群，以及牠們賴以為生的海洋植物，就通稱為「浮游生物」（Plankton，起源於希臘文，意思是「漂流」）。

海中食物鏈以浮游生物為底層，接著是以浮游生物為食的魚類，如鯡魚、油鯡和鯖魚，再上層是以這些魚類為食的大型魚，如藍魚、鮪魚和鯊魚，再往上就是獵捕魚類為食的遠洋烏賊，最後則是巨大的鯨魚。不同品種的鯨魚，所攝取的食物也就不一樣，跟體型大小沒什麼關係，有的吃魚，有的吃蝦，有的則以某些最小型的浮游生物為食。

深藍的遠洋代表荒涼
淺綠的近海展現生氣

雖然海洋表面並沒有明確的記號或界線，但海面確實分成數個明確的區域，而洋面的形態也影響了生物的分佈。魚類和浮游生物、鯨魚和烏賊、鳥類和海龜，這些生物都和某種水域密不可分，可能是暖水或冷水、清澈或混濁海水、或是富含磷酸鹽或矽酸鹽的海水，這些生物彼此間也會建立某種關係。至於食物鏈中較高層的生物，與特定水域的關係則較不明顯，哪裡糧食充足，牠們就住在那裡，而被牠們捕食的動物，則是因為環境條件合適才居住在那兒。

不同水域之間的變化可能非常突然，但是船隻在晚上通過各水域之間的無形界線時，卻不一定會有人注意到。某天深夜，達爾文（Charles Darwin）搭著小獵犬號（H.M.S. Beagle）航行於南美外海，在他從熱帶水域進入涼爽的南方水域時，船身周圍突然出現了許多海豹和企鵝，在船艦四周喧囂鼓譟，這奇特的噪音讓值班船員誤認為航線估算錯誤，以為船已經十分靠近陸地，而自己聽到的是牲口的叫聲。

就人類的感官認知來說，海面最明顯的形態變化在於各水域顏色不同。開闊的遠洋外海呈現深藍色，這是代表空蕩荒涼的顏色；沿海水域則是有深有淺的綠色，展現生氣勃勃的模樣。其實，海水之所以呈現藍色，是因為陽光先照射在水分子或海中懸浮的極微小粒子上，再反射到我們的眼中，當光線照入深海時，光譜中所有的紅光和多數的黃光都已被吸收，因此光線反射進我們眼睛後，我們所能看到的主要都是屬於冷色系的藍光。但如果海水中富含浮游生物，就不再澄淨透明，光線因此無法穿透照進深處，這就是沿岸水域呈現黃、褐和綠色的原因，因為這個地區富含微小藻類和其他微生物。此外，某些微生物體內包含了紅、褐色素，這類生物在特定季節會大量出現在海中，因而形成全球許多地區自古以來便固定出現的「紅水」現象。這在某些封閉式的海域中十分常見，甚至有些海域的名字正是因此而來，像是紅海和朱海（Vermilion Sea）。

海水的顏色只能間接證明這個海域是否具有淺海生物所需的生存條件，而其他無法以肉眼分辨的特徵，才是影響海洋生物棲地的主要因素。各地海水其實並不相同，有些地方的海水濃度會比其他地區來得高，有些地方的海水則比其他地方溫暖或寒冷。

紅海的海水鹽度是全球最高，因為這個地區長年豔陽高照，酷熱高溫導致海水蒸發迅速，使鹽度高達四十度（編註：每一千克海水中含有一克鹽即為一度）。同樣的，藻海（Sargasso Sea）地區的氣溫很高，距離陸地又很遙遠，沒有河水或融冰流入，因此成為大西洋鹽度最高的地區，也讓大西洋成為鹽度最高的大洋。由此可以想見，極區的海洋由於不斷受雨水、雪水和融冰稀釋，因此鹽度一定最低。在美國大西洋沿岸，鱈魚角

（Cape Cod）的海水鹽度約為三十三度，但到了佛羅里達州外海，卻增加到三十六度左右，連下海游泳的人都能輕易察覺其中的差別。

北極海發現的古珊瑚礁遺骸表示那兒遠古時期曾是熱帶地區

海洋的溫度從北極海的攝氏零下二度，到波斯灣的攝氏三十六度（全世界最高的海水溫度）不等，所有的海中生物都必須讓體溫配合周遭的海水溫度，但是從攝氏零下二度到三十六度的溫差實在太大，因此溫度的變化可能是影響海洋動物分佈的最主要因素。美麗的珊瑚就是最好的例子，可以證明每一種生物的適居區，可能都是依據溫度而定。如果你在世界地圖上描出南、北緯三十度線，這塊區域大概就是目前珊瑚生活的水域。雖然人類確實曾在北極海發現古珊瑚礁遺骸，不過這只能表示在遠古時期，北極海域曾是熱帶氣候，因為珊瑚礁的鈣質結構，必須在攝氏二十一度以上的溫暖海水中才能生成。此外，由於墨西哥灣流會將溫暖的海水往北送，到達北緯三十二度的百慕達地區，因此我們在地圖上所標出的珊瑚適居帶，有個部分必須往北延伸。另一方面，在我們所畫出的熱帶地區裡，南美和非洲西岸這一大片區域，由於有較深處的冰冷海水上湧，阻礙珊瑚生長，因此必須排除在珊瑚適居區的範圍之外。至於佛羅里達州東岸大多也沒有珊瑚礁的原因，是這個地區有一道寒冷的近岸流通過，夾在海岸與墨西哥灣流之間，向南流動。

從熱帶到極區，海洋生物在種類和數量方面的差異也很大。熱帶地區氣候溫暖，能加速生物的繁殖和生長，因此寒冷海域生物長大成熟所需的時間，已足夠熱帶生物繁衍好幾代，也因此在有限的時間內，熱帶海域生物比較有機會發生基因突變，這也說明了熱帶生物種類為何會如此繁多。不過不管是哪一種生物，數量都遠不及寒帶生物，原因是寒帶海域水中的礦物質含量較高，而且海面浮游生物群並不密集，如北極海的橈足類動物。此外，熱帶地區的遠洋，或是可自由游動的生物所生活的地方，比寒帶地區同類生物的棲息處更深，因此對於在海面獵食的大型動物而言，熱帶地區的食物較少，所以相較於棲息在較北或較南邊魚場的大群海鷗、海燕、海雀、鯨鳥、信天翁等海鳥，熱帶區域的海鳥數量要少得多。

在寒冷極圈海域的生物群中，幾乎沒有一種動物的幼體能夠獨立生活，這些生物都是一代接著一代，生活在相同的地方，因此在海底大片區域中，可能住的都是少數幾種動物的後代。有一艘研究船曾經在巴倫支海（Barents Sea）做研究，只撒了一次網就撈獲一公噸以上同種的矽質海綿，在斯匹茨卑爾根（Spitsbergen）東岸，也有同種的環節類蠕蟲大量分佈於廣大區域中。此外，寒帶海域表面充滿了橈足類動物和軟舌螺，因此能吸引鯡魚、鯖魚、成群海鳥、鯨魚和海豹到這裡捕食。

總而言之，熱帶地區的海洋生物數量多且活力十足，種類也極其多樣，而寒帶海域由於海水冰冷，海中生物的成長速度因而減緩，不過這裡的海水會季節性對流並產生混和作用，使海中富含礦物質，因此生物多能夠大量繁衍。由於寒帶極圈的生物種類雖少但數量多於熱帶，因此許久以來人們都斷然認定，寒帶及極區海域生物的繁殖能力，遠高於熱帶地區的海洋生物。而如今我們則明白，這個論點還是有許多例外，因為在熱帶與亞熱帶海域中的某些地區，生命之豐富絕對足以和大瀨地區（Grand Banks）、巴倫支海及南極任一捕鯨漁場一較高下。或許最好的實例，便是流經南美西岸的漢保德海流（Humboldt Current），以及流經非洲西岸的本吉拉海流（Benguela Current），這兩道洋流會將寒冷而富含礦物質的深層海水向上帶，因而提供了龐大食物鏈所需的養份物質。

雙髻鮫懶洋洋地繞著船身游動
彷彿在端詳這艘船

凡是兩道洋流交會之處，尤其是溫度或鹽度差異極大的洋流會合，必定會引起大規模的亂流——海水由表層下沉，或由深處上湧，不時在海面形成漩渦和泡沫線。這個地區的海洋生物，無論在種類和數量上都非常豐富，十分驚人。布魯克斯（S. C. Brooks）在通過太平洋及大西洋主要洋流的行經路線時，就曾目睹海洋生物的變化，並且生動地記錄下細節，發表於期刊〈兀鷹〉之中：

隨著船艦逐漸接近赤道，天空中散布的積雲也慢慢變得濃密厚實，海面上波濤洶湧，暴雨驟降急逝，然後鳥群現身。一開始只有一大群叉尾海燕，中間參雜著其他種類的海燕，在船邊忙著捕食，對我們毫無影響，偶爾有小群的熱帶飛鳥與船隻同行，飛向另一邊或高高飛在頭上。之後，各種海燕陸續成群出現，大概一、兩個小時後，便是滿天飛鳥的景象了。如果你離陸地不太遠，大約在幾百公里之外，相當於馬克沙斯島（Marquesas）以北的南赤道洋流和陸地之間的距離，那麼你可能會看到許多玄黑色或有冠羽的燕鷗。偶爾，你也會看到鯊魚藍灰色的身影滑過，或是紫棕色的雙髻鮫懶洋洋地繞著船身游動，彷彿是在找尋更好的角度以端詳這艘船。飛魚雖然不像這些鳥群是熱帶地區的地方特色，不過卻會不時躍出水面，一隻隻大小與體型各異的飛魚，各有各的特殊姿態和花紋體色，深棕色、淺藍色、黃色和紫色，讓人目不暇給。而後，太陽再度露面，海面又回復成熱帶海洋特有的深藍色，鳥群逐漸散去，船隻慢慢向前航行，海洋也恢復原先寂靜荒涼的面貌。

如果當地是永晝，那麼上述的一連串情景，便可能在一天之內出現兩次，甚至三、四次。研究後發現，這情景表示當時船正通過巨大洋流的邊緣……。

在北大西洋航道上，也上演著同樣的戲碼，只不過演員陣容不同。墨西哥灣流和後來延伸形成的北大西洋暖流（North Atlantic Drift）及北極洋流（Arctic Current），取代了赤道洋流的角色，平靜的海面和霧氣，代替了滔滔白浪和驟雨，賊鷗與大賊鷗取代了熱帶海鳥，而各種不同的海燕（在此地區通常稱為海鷗或暴風鸌），成群在天空飛翔，或在海面暢泳……這個地區的鯊魚或許比較罕見，但卻常常能看到海豚在船首與船競速，或一群群急切地朝著某個未知的目標前進。小虎鯨閃著黑白相間的花紋，遠方懶洋洋的鯨魚突然噴出水柱，這些都讓海面更富生氣。飛魚雖然來自遙遠的熱帶地區，但是牠們躍出海面的特殊姿態，也確實為海面增色不少……船隻可能先航行在墨西哥灣流經過的地區，此時海水呈深藍色，水中漂浮著馬尾藻水草，還有色彩斑斕的僧帽水母點綴其中，接著通過北極洋流經過的區域，海水由深藍轉為灰綠，水中漂浮著成千上萬隻水母，然後在數小時後，船隻又回到灣流通過的海域。每一次行經洋流交界處，船上的人都能看到海面上佈滿各式各樣的生物，就是這些生物，讓大瀨地區成為全球著名的大漁場。

水草就像救生筏 載著這些海中生物漂過海底深淵

洋流環繞著海盆四周流動，包圍大洋中央區域，這個區域通常號稱為「海中荒漠」，只有零星幾隻海鳥飛翔，以及少數幾種魚類在水面捕食。由於海面浮游生物確實極為稀少，魚類大多不受吸引，因此這裡大部分的生物都生活在深海裡，唯一的例外地區，只有藻海。藻海不像其他大洋是高氣壓發源地，而且和地球上其他地方完全不同，甚至可說是一個明確的地理區域——北緣起自切薩皮克灣口而至直布羅陀，南緣則起自海地直到達卡。藻海的範圍大約涵蓋了整個百慕達地區，並且延伸到大西洋中央，大小相當於美國，整片區域都充滿了關於船隻航行的恐怖傳說。事實上，這個地區是北大西洋暖流的產物，洋流環繞這整個區域，帶來了大量的馬尾藻海草漂浮於水中，因此才有「藻海」之稱，除此之外，還有許多奇特的生物聚集在這裡，以海草為食。

藻海是個被風遺忘的區域，強勁的洋流像河流一樣環繞在外圍，完全沒有入侵這個區域。由於天氣多晴少陰，因此海水溫度高，含鹽量也極高。這片區域和沿海河流及北極冰山相隔甚遠，因此沒有淡水流入稀釋海水鹽份，唯一流入的只有四周洋流帶來的海水，特別是墨西哥灣流或北大西洋暖流從美洲流往歐洲時帶來的海水。而在墨西哥灣流中漂流數個月或數年的動、植物，也隨著這些注入藻海的微量海水進入這個地區。

馬尾藻海草是褐藻，分屬好幾個種類，在西印度群島和佛羅里達州沿海，就有大量馬尾藻依附在海岸礁石或突出的岩石上，不過暴風雨會捲走許多海草，尤其在颶風季節，情況更是嚴重。被捲走的海草，會隨著墨西哥灣流往北漂移，許多小魚、蟹、蝦和各種海洋生物的幼體，原本是棲息在馬尾藻海草所生活的海岸，也會因此跟著這些身不由己、隨波逐流的水草向北游。

這些生物隨著馬尾藻水草遷徙到新棲地後，發生了奇特的變化。過去牠們棲息在海洋邊緣，距離海面只有幾十公分或幾公尺深，但絕對不會離開堅實的海底太遠。牠們瞭解海浪潮汐的律動，可以隨意離開水草的掩蔽，在海底爬行或悠遊，並且找尋食物。但是現在，牠們在海洋中央，四周的環境對牠們來說是個全新的世界，海底遠在三至五公里深的地方，那些不擅於游泳的生物，必須緊緊抓住水草，對牠們來說，這些水草就像救生筏，載著牠們漂過海底深淵。這些生物遷移到這裡，經過長時間的演化，有些便發展出特殊的附著器官，這些器官有的是長在生物身上，有的則是長在牠們產的卵上面，以防止牠們沉到黑暗冰冷的深海裡。例如飛魚會先用水草築巢，然後在裡面產卵，看起來像極了馬尾藻水草浮標，或是馬尾藻「莓」。

的確，在這個水草叢林裡，有很多小型海洋動物非常擅於偽裝，牠們把自己完全掩蔽起來，藏匿在其他生物的視線之外。例如藻海蛞蝓，一種軟體、無特定形狀的生物，身體為棕色，佈滿了邊緣顏色較深的圓點，體緣有鰓蓋，皮膚有皺摺，因此牠在水草上爬行尋找食物時，看起來就和身下的水草沒兩樣。還有馬尾藻躄魚（Pterophryne），牠可說是這個地區最兇猛的肉食動物，很會模仿海藻藻體的形態，包括金黃色圓點、深褐體色、甚至是附著在海藻上蟲管的白點，都仿照得唯妙唯肖。從這些精妙的擬態可以看出，藻海叢林裡確實上演著一幕幕弱肉強食的殘酷戰爭，弱者或掉以輕心者，是得不到任何寬恕和憐憫的。

你看到藻海的某些水草很可能哥倫布也看過

在海洋科學領域，科學家對於飄浮在藻海中水草的來源，一直爭論不休。有些人認為這些水草之所以源源不絕，是因為海岸邊水草不斷被捲走，有些人則主張，光是西印度群島和佛羅里達州這一小片馬尾藻水草生長地，根本不可能成為藻海這一大片區域的水草供應來源，他們認為，我們所看到的這一片漂浮水草，是一群能夠自我繁衍的植物，這些植物已經適應了在開闊洋面上的生活，完全不需要根部，也毋須緊附在其他東西上，就能增殖繁衍。

或許這兩種說法都對，因為這片區域每年確實都有少量新植物加入，但如今海面上之所以有這麼一大片植物覆蓋，是因為這些植物在來到平靜的大西洋中央區域後存活得非常久。這些水草被海浪從西印度群島岸邊捲走後，大約需要半年才能漂到藻海北界，甚至需要好幾年才能進入藻海中央區域。在這段過程中，有些水草會被暴風雨捲到北美岸邊，有些則在從新英格蘭沿海穿越大西洋的中途（也就是墨西哥灣流與北極洋流交會處）被凍死，而那些安然抵達平靜藻海的植物，幾乎就能長命百歲。最近，在美國博物館服務的帕爾（A. E. Parr）指出，這些植物有的可活數十年，有的甚至能活數百年，時間長短依種類而定。也就是說，如果你現在到這個地區，你所看到的某些水草，很可能哥倫布和他的船員當年也看過。在大西洋中央區域，這些水草無止盡地漂浮、生長，並且以分裂方式繁衍後代。看來這些植物唯有在漂流到藻海邊緣環境條件不良的地方，或是被海流沖出這片區域時，才有可能死亡。

不過，有水草消逝，也會有新的水草加入，而每年來自遙遠海岸的水草，數量甚至可能還略多於消失的水草。這些水草必定經過極長的時間，才能累積到目前的數量，根據帕爾估計，這個區域的水草量，大約高達一千萬公噸。不過當然，由於藻海大多數區域都屬於開闊水域，因此這千萬公噸的水草是分佈在十分廣大的範圍裡，因此，傳說中會將往來船隻困住的濃密水草區，根本是子虛烏有，只存在於水手的想像中，而那些被水草纏住，注定在茫茫大海中漂流的許多陰森船隻，當然也完全是憑空捏造出來的囉！

季節輪替

光陰荏苒，四季更迭。
——英國文學家彌爾頓（Milton）

就海洋整體而言，日夜交替、四季更迭、年歲遞增，全都消逝在廣大無垠的海洋中，磨滅在永恆不變的海洋裡，然而，海面的情況卻完全不同。海洋的面貌變幻莫測，色彩斑斕，光影交錯，日光下閃耀著點點金光，薄暮中煥發出神秘色彩，海的樣貌與情緒，無時無刻不在變化。海面的海水隨潮汐漲落，受清風拂動，幻化成一波波向前疾行的海浪，時起時落，永無止息。更重要的是，海面會隨著四季更迭而改變！春天帶著新生氣息，拂過北半球溫帶陸地，於是綠芽吐露，花蕾綻放，向北遷徙的候鳥，透露出春天的神秘與意義，蛙群的合鳴聲再度響徹濕地，象徵懶洋洋的兩棲生物已經甦醒。就在一個月前，還是風聲颯颯響遍光裸枝幹，而今，卻是和風柔聲穿過嫩綠新葉。這一切景象都發生在陸地上，我們很可能以為，在海上體會不到春神降臨，但事實上，海上也會出現種種跡象，看在明眼人心裡，這些跡象同樣具有神奇意義，象徵春臨大地。

在海上，就像在陸地上一樣，春天同樣是新生的時刻。溫帶地區的海面在漫漫寒冬裡吸收了寒氣，現在春天一到，冷凝的海水下沉，流入下方較溫暖的海水層，汰換了原本的溫暖海水。大陸棚上所蓄積的豐富礦物質，有些來自陸地河流，有些來自海洋生物的屍體（海中生物死亡後，屍骸會慢慢沉降堆積在海底），還有些則是來自矽藻的外殼、輻射生物體內的原生質、或是翼足類動物身體的透明組織。在海中，每樣東西都能物盡其用，一絲一毫的物質都不斷循環運用，先是為某個生物吸收，之後又由另一個生物所利用。而在春天來臨時，表層與深層海水大幅交流，溫暖的底層海水將豐富的礦物質帶到海表，供新生命攝取。

冬天海中植物耐心等待 如冰封大地的麥籽靜待春天降臨

陸地植物仰賴土壤中的礦物質而生長，同樣地，海中所有的植物，甚至是最微小的植物，也必須依賴海水中鹽分或礦物質的滋養才能成長。矽藻必須攝取二氧化矽，以長出脆弱的外殼，對矽藻及其他的微小植物而言，磷是不可或缺的礦物質，這些元素有的含量並不豐富，冬天時甚至達不到生物生長所須的基本量，因此矽藻必須盡力才能渡過冬天。在面臨生死存亡的關頭、毫無繁殖機會的情況下，矽藻必須培養出堅韌的胞體，以自我保護、抵擋嚴冬，這樣才可能延續生命。此外，當時的環境裡，所有生存必需的元素都嚴重不足，因此矽藻必須進入冬眠狀態，才能免除所有需求。就這樣，矽藻在冬天的海裡耐心等待，像冰封大地裡的麥籽，靜待春天生機降臨。冬眠植物的「種子」、滋養生命的化學物質、暖融融的春陽，這些就是海洋在春天生意盎然的要素。

這些構造十分簡單的海中植物，從蟄居狀態中倏然甦醒後，就以迅雷不及掩耳的速度開始增殖，繁衍出極為龐大的數量。春天的海洋一開始是矽藻以及其他微小浮游植物的天下，由於繁殖數量驚人，因此廣大的海面上盡是這些植物細胞，像毛毯一樣覆蓋水面，綿延數公里，每一個細胞裡所包含的微量色素，改變了海面的顏色，將海水染成紅、棕或綠色。

這些植物確實曾主宰海洋，不過卻只有短短的一段時間。雖然這些植物急遽增加，不過小型浮游動物也同樣繁殖迅速，因此幾乎馬上就追上了這些植物。春天是橈足類動物、箭蟲、遠洋蝦及翼足海蝸牛等動物的繁殖季節，這些小型浮游動物飢腸轆轆，成群結隊在海中漫游，以水中豐富的植物為食，同時也被更大型的生物捕食。如今，春天來臨，海面成了廣大的繁殖場，許多海底生物的卵或幼體脫離原本的棲地，離開延伸至海底的大陸邊緣丘陵和山谷，或四處分佈的暗礁及岩岸，而來到海面上。雖然這些動物長大後終究會沉潛定棲在海底，但是牠們在生命初始的幾個星期，卻是自由悠遊於海面，隨意捕食浮游生物。隨著春意日盛，每天都有一批批新生幼體游到海面，在這段期間，小魚、小蟹、小蚌、小管蟲和一般浮游生物，全部生活在一起。

在動物每天大量嚼食之下，海面上的綠地很快就消耗殆盡，矽藻的數量愈來愈少，其他的微小植物下場也差不多。不過，仍然不時有某種植物的細胞分裂會突然失控，因而大量繁殖，佔據了整片海域。所以每年春天總有些時候，海水中會佈滿了棕色膠狀物，從海裡拉上來的漁網也沾滿了棕色黏液，卻不見半條魚，因為魚群都刻意避開了這些水域，彷彿十分厭惡這種黏稠、散發惡臭的藻類。然而在不到半個月的時間裡，棕囊藻的春天大量繁殖期就會過去，海水也會再度回復清澈。

在春天，海中充滿了各種迴游魚類，有些努力往河口游，準備溯河產卵，像是在春天迴游的帝王鮭，大老遠從太平洋深處的聚食場來到哥倫比亞河，奮力對抗著滔滔激流。美洲西鯡則游入切薩皮克灣、哈德遜河（Hudson）和康乃迪克河（Connecticut），牠們的目的地是新英格蘭沿岸的上百條溪流。還有鮭魚，努力地逆流游上貝諾布斯考特河（Penobscot）和肯納貝克河（Kennebec）。這些魚在過去數個月甚至數年，都是生活在廣大無涯的海中，而今，春天的海洋和生理上的成熟，引領著這些魚類溯溪而上，回到自己的出生地。

海上閃爍數不清的點點亮光 如無數螢火蟲在暗林間飛舞

隨著時間流逝，海中也陸陸續續發生其他許多神秘難解的事。胡瓜魚聚集在巴倫支海寒冷的深處，成群的海雀、暴風鸌和三趾鷗則追著牠們，伺機捕獵。鱈魚生活在羅浮敦群島（Lofoten）海岸附近，也聚集在愛爾蘭島海濱。在冬天，鳥類的捕食區可能涵蓋了整個大西洋或太平洋，而現在則是聚集到某些小島上，在短短數天之內，所有要生育下一代的鳥類全都來到這個地方。像蝦子一樣的磷蝦，成群在大陸坡繁殖，鯨魚因而突然出現在大陸坡附近，沒有人知道這些鯨魚來自哪裡，也沒有人知道牠們是循著哪條路徑來到這裡。

隨著矽藻逐漸消失，許多浮游動物和多數魚類成功繁衍後，便進入了仲夏，海面的生物也放慢了步調。成千上萬的海月水母（Aurelia）沿著洋流交會處聚集，彎曲綿延數公里，在海上飛行的鳥類，都能看到這些水母在海水深處的亮白身影。大型的紅色髮水母（Cyanea），體型也由小如頂針長到跟雨傘一樣大，大水母藉由規律的收縮在海中游動，拖著長長的觸手，很可能還護送著幾隻小鱈魚或小黑線鱈，這些小魚經常躲在水母的傘下跟著移動。

夏季海面常閃爍著明亮磷光，某些海域會充斥大量的夜光蟲（Noctiluca），這種單細胞動物是夏季海面磷光的主要來源，而魚類、烏賊和海豚，則是全身上下罩上了一層詭異的光芒，在海中來去時就像急竄的火燄一般。盛夏時分，海面上可能閃爍著數不清的點點亮光，就像一大群螢火蟲在暗黑林間飛舞，這個情景是由一群名為大夜光蝦（Meganyctiphane）的磷蝦所造成，這種生物生活在寒冷黑暗的地方，那兒的冰冷海水從深處湧升至海面，形成一波波銀白色漣漪。

自初春一直到仲夏，北大西洋的浮游生物草原上，才開始響起瓣足鷸粗啞的鳴叫聲，這群棕褐色的飛鳥會在這片海域上空盤旋、俯衝、飛升。瓣足鷸原本在北極凍原築巢撫育下一代，盛夏來臨時，才有第一批瓣足鷸飛回北大西洋海上，牠們多數會繼續向南，飛越廣大無際的海面，穿過赤道，來到南大西洋，接著這些瓣足鷸會以大鯨魚為嚮導，因為凡是有鯨魚的地方，一定也會有許多浮游生物，這些奇特的小鳥就能享用到豐盛的浮游生物大餐。

渦鞭毛藻在秋天為海洋點亮一片磷光每一道波浪都因此而閃閃發光

隨著秋天降臨，海洋中也出現其他的生物活動，有些在海面，有些則隱藏在深海裡，預示著夏天已接近尾聲。海狗群在迷霧籠罩的白令海（Bering Sea）中移動，穿過阿留申群島之間的危險海峽後，向南進入廣大的太平洋。在牠們身後，是兩座童山濯濯的火山岩小島，立於白令海上。這兩座島在初秋之際顯得無限寂寥，但在盛夏的那幾個月，島上卻充滿了海狗的叫聲，東太平洋地區所有的海狗，全都聚集到這幾平方公里大的地方，數以百萬計的海狗上岸孕育下一代。如今，島上卻空無一物，只有光裸的岩石和鬆軟的泥土，所有的海狗都再度南回，沿著完全隱沒於海中的大陸邊緣峭壁向南方游。這片峭壁是由岩石組成，陡峻地延伸至深海中，整片地區伸手不見五指，比北極寒冬更為陰冷，不過這些海狗在向南游的過程中，卻能在這片黑暗區域裡找到豐富的食物，盡情捕食魚類。

秋天重新為海洋點亮一片磷光，每一道波浪的波峰都因此而閃閃發亮，舉目望去，整個海面可能都閃爍著片片冷光，在一群群游魚之下，海水就好像液態金屬一般。秋季磷光通常是由於渦鞭毛藻在秋天大量繁殖所形成，這些生物在春天繁殖期過後，又突然再度大量增殖，不過這次為期甚短。

有時候海面閃閃發亮可能並不是一件好事。在北美太平洋沿岸，如果海面閃著磷光，表示海水中可能充滿了渦鞭藻類的膝溝藻（Gonyaulax），這種微小植物含有奇特而恐怖的劇毒，大約四天就能成為沿海數量最多的浮游生物，而鄰近的某些魚類和貝類也會跟著一起含有劇毒，因為這些魚、貝在捕食的過程中，都吞下了水中有毒的浮游生物。貽貝會將膝溝藻的毒性蓄積在肝臟，這種毒會破壞人類的神經系統，類似番木虌鹼對人體造成的影響。

基於這些因素，住在太平洋沿岸的人都知道，在夏季及初秋，也就是膝溝藻可能大量繁殖的時候，千萬別吃海邊撈上來的貝類。其實，早在白人來到這個區域以前，印第安人就已經知道這點。只要海面上出現紅色斑紋，海浪開始在夜間閃著神秘的藍綠色光點，部落族長就會下令禁止族人撈捕貽貝，直到這些警訊消失，禁令才會解除。他們甚至會在海邊設立一站站的崗哨，警告不知情的內地人，不要到海邊撈貝。

不過一般而言，不管是什麼原因所形成的海面螢光，都對人類無害。航行於大海中的船隻，就像人類在遼闊的海、天世界中所設的小觀察站，站在甲板上向外望，會萌生一種神秘詭譎的感受。人類受虛榮心所驅使，會下意識地將所有非屬於日月星辰的光芒，都歸功於人類所創造，無論是在海濱閃爍的燈光，或是海上移動的亮光，都是某些人為了全人類都能理解的目的而點亮和控制。但是，我們在這裡討論的，卻是在海中閃爍、消逝的光芒，這些亮光出現與消失的原因都與人類無關，早在遠古時代，還沒有人類懷著惴惴不安的心情出來攪和時，這些光點就已經照著自己的模式在海面上明滅。

在某個磷光閃閃的海上夜晚，達爾文站在小獵犬號的甲板上，從巴西外海穿過大西洋向南前進。在他的日記《小獵犬號遊記》中，達爾文寫道：

海面明亮異常，顯得奇特而美麗。白天看起來滿是泡沫的海面，到了晚上卻散發出銀白光亮。船身破浪前行，船頭兩側是激起的波濤，像是兩道液態螢光，而船尾的航跡則像是一條銀河。舉目望去，眼中所見的波浪，頂上都戴了銀冠。海上螢光反射天際，貼近地平線的天空因而映著微光，而其他部分的天空仍是一片漆黑。日出之後，海上螢光彷彿被陽光融化一般，倏忽消失。在看到這種景象時，很難不想起彌爾頓描述「混沌」（Chaos）與「混亂」（Anarchy）的文句。

冬天鱈魚悄悄產下魚卵
一顆顆玻璃珠迅速長成小魚

秋天的樹葉在凋零之前，必定先換上鮮明的色彩，同樣地，秋天海面上的磷光，也昭示著冬天即將到來。鞭毛藻和其他微藻在經歷短暫的繁殖新生之後，開始逐漸削減，最後只剩下寥寥無幾，蝦、橈足類動物、箭蟲和櫛水母也是如此。海底動物的幼體早已發育成熟，各自迎向自己的未來，就連來回游動的魚群也離開海表，遷移到較溫暖的低緯度區，或在大陸棚邊緣的平靜深海中，找到同樣溫暖的住處，然後這些魚類會開始進入半冬眠狀態，渡過數個月漫長的寒冬。

這時候的海面成了冬天凜冽寒風的玩物，陣陣強風激起巨浪，冬風從浪頭呼嘯而過，激盪著海水四處飛濺，形成許多泡沫，就這種情況看來，生命似乎永遠不會再回到這片區域。

作家康拉德在《海之鏡》一書中，曾描述冬天海面的情景：

廣大的海面全是灰濛濛一片，寒風吹亂了浪花，海面上佈滿泡沫，隨波上下起伏，就像是糾結的白髮。狂風陣陣的大海，因而顯得蒼老、黯淡、陰鬱、毫無光明，彷彿大海是誕生在沒有光亮的時候。

但即使是灰暗蒼涼的冬天海洋，也仍然存在著希望。我們知道陸地上冬天一片蕭條的情景其實是假象，只要仔細觀察樹木光裸的枝幹，雖然看不到一絲綠意，但卻會看到葉芽埋藏在每根枝幹裡，在一層層隔絕交疊的樹皮之下，安然隱藏著春天的盎然綠意。如果你從樹幹上剝下一片粗糙的樹皮仔細看，會發現裡頭藏有冬眠的昆蟲，如果撥開積雪挖開土壤，會發現許多蚱蜢卵，這些卵會孵化出下一季夏天的蚱蜢。除此之外，你也會發現許多冬眠的種子，這些種子將來會長成小草、芳草和橡樹。

因此，冬天海上了無生機的絕望情景，同樣也是一種假象，從各種跡象都可以看出，季節已經完成了一次循環更替，接下來又是新生的時刻。從嚴冬海洋極為冷冽的海水，我們可以確知新春即將來臨，在春神降臨的幾個星期前，表面海水必定會因為冷凝而變得沉重，並因此向下沉降，促使上、下層海水對流，這就是春天的第一個景象。當某種類似植物的微小生物依附在海底岩石上，就象徵新生命即將到來，因為這種幾乎沒有固定形狀的水螅，會在春天長成水母浮上海面。冬天橈足類動物的體型之所以變得臃腫，也自有牠的道理，這類生物會沉入海底冬眠，避開冬天海面上的風暴，在這段期間，牠們就是依靠微小身軀內所儲存的多餘脂肪來維生。

冰冷的海域裡，鱈魚灰色的身影悄悄游往產卵地，產下像玻璃珠一樣的魚卵，這些魚卵一脫離母體後，便開始向海面浮升。即使冬天海洋環境惡劣，這些魚卵仍會迅速分裂，從微小的單細胞分化發育成一隻隻活生生的小魚。

或許最重要的是，就連留存在海面上的生命微塵，也就是肉眼難以察覺的矽藻胞體，都能證明生命的生生不息，只要有溫暖的陽光照射，加上化學元素的滋養，就能再現春天的神奇。

陽光隔絕的深海

巨鯨潛行，潛行，日夜不息。
——英國作家阿諾德（Mathew Arnold）

在廣闊大海日照充足的淺海區域之下，以及隱藏於海床的丘陵山谷之上的這段區域，是海洋中最鮮為人知的地方。這片深黑海域在地表所佔的面積極大，充滿了神秘和許多未解的謎題。全世界的海洋大約佔了地表面積的四分之三，就算扣掉大陸棚和分佈在各地的海岸與淺灘等淺海地區（在這些地方，至少還有微弱陽光映入海底），地表大約有二分之一的地方，都是深約數公里、毫無日照的海域，而且從地球誕生的那一刻起，就一直籠罩在黑暗中。

長久以來，人類一直夢想能親自探索海洋最深幽的地方，因為這個區域比地球其他地方都還要神秘難解。但是，即使人類想盡辦法，仍然只能窺知一二，直到數年前，我們仍完全無法涉足這些地方。由於人類一直努力不懈，加上想像力及工程技術的發展，終於創造出足以承受深海龐大壓力的潛水載具，能夠帶著人類觀察員深入海中——只要戴上潛水頭盔，人類就可以在水面下大約十八公尺深的海床上行走，如果穿了全套潛水裝，最深可下潛到一百五十公尺左右，但是這樣的全副武裝加上揹了氧氣瓶，卻讓人變得十分笨重，幾乎不可能行動自如。

不過，就在過去十年間，人類探索深海的夢想終於實現了！目前（編註：本書成書於一九五〇年代）全世界已有兩個人曾成功下潛到可見光無法穿透的海域，他們就是畢比（William Beebe）和巴頓（Otis Barton）。一九三四年，他們乘坐深海潛水球，從百慕達海域下潛至九百二十公尺深的地方，而巴頓更在一九四九年夏天，獨自乘坐鋼製潛水球下潛至加州外海一千三百公尺深處。

自海洋形成以來
這裡就一直籠罩在無盡的黑夜中

皮卡德教授（Auguste Piccard）是深海探險的先鋒，這位瑞士籍的物理學家因曾經乘坐熱氣球飛上平流層而聞名。他研發出新的深海探測載具，這種載具和傳統由纜線懸吊的深海潛水球不同，可以在深海更自由移動，不需要其他人從海上操控。當時已有三艘這種小型深海潛水艇製做完成，潛艇底部是金屬氣囊，氣囊中盛滿了高辛烷汽油，這種汽油不但重量輕，也幾乎不會壓縮，而在氣囊下方懸掛了抗壓球艙，觀察員可以坐在球艙中。潛艇筒艙裡裝了受電磁控制的鐵粒做為壓艙物，當潛水員準備回到水面時，只要按個鈕，就能排出這些鐵粒。

第一艘深海潛水艇是由比利時國家科學研究基金會（Fonds National de la Recherche Scientifique）所製造，命名為FNRS-2號（FNRS-1號是皮卡德教授所乘坐飛上平流層的熱汽球，同樣也是由比利時國科會製造）。這艘潛艇的無人駕駛潛水測試十分成功，但也曝露出一些缺陷，讓科學家在後來製造同型潛艇時，能夠針對缺點加以改進。第二艘深海潛水艇FNRS-3號，是比、法兩國政府簽約合造，由皮卡德和庫斯托（Jacques Cousteau）共同監製。在這艘潛艇完工前，皮卡德教授又前往義大利，開始製造第三艘潛艇，名為「圖里雅斯德號」。

FRNS-3號和圖里雅斯德號創下了一九五〇年代的潛水紀錄，載著人類進入了海底最深處。一九五三年九月，皮卡德教授和兒子雅各在地中海搭乘圖里雅斯德號，下潛至三千一百公尺深的地方，這個深度是過去紀錄的兩倍以上。一九五四年，兩名法國人豪沃（Georges Houot）和魏凌（Pierre-Henri Willm）在非洲沿海城市達卡的外海，搭乘FNRS-3號潛入更深海域，到達四千零五十公尺深之處。一九五八年，美國海軍研究室從皮卡德教授手中買下圖里雅斯德號，隔年，研究人員將這艘潛艇運到鄰近馬里亞納海溝的關島。（根據回聲探測結果顯示，馬里亞納海溝是目前全球海洋最深的地方）。一九六〇年一月二十三日，雅各．皮卡德和沃爾基（Don Walsh）一同駕駛圖里雅斯德號，潛入海溝底部，也就是海平面以下約一萬零九百公尺深之處。

雖然只有少數幾個幸運兒有機會造訪深海，但是透過海洋學家運用精密儀器所記錄的深海光線穿透度、壓力、鹽度以及溫度，我們還是能夠重新建構出，這些神秘險惡地區的想像藍圖。海面上看得到日夜變換，淺海會隨風起伏，受日、月引力牽引，隨著四季的更迭而改變，但深海就完全不同了，這個區域就算有任何改變，速度也十分地緩慢。由於陽光照不進這個地方，因此也無所謂的明暗變化，自海洋形成以來，這個地區就一直籠罩在無盡的黑夜之中，而生活在這個區域的多數生物，則總是在茫茫無邊的一片漆黑中摸索方向。這個地方的食物少之又少，覓食極為困難，對牠們來說，挨餓已經是習以為常。除此之外，深海裡也毫無避難之處，因此這些生物找不到任何地方可以躲避那些永遠存在的天敵，只能終其一生在黑暗裡不停地游，被拘禁在自己所生活的特定海域之中。

海洋深處捎來了期盼已久的消息
僻靜的深海中仍有生物存在

過去人類一直以為深海裡根本不可能有生物，由於沒有反證，因此大家很輕易就採信了這種說法，畢竟我們很難想像在這種地方能有生物生存。在一個世紀以前，英國生物學家佛比斯（Edward Forbes）就曾記載：

隨著我們在這個地區愈潛愈深，生物也愈來愈稀少，到最後幾乎不見蹤影，由此可知我們已經到達海中深處，在這個地方生物可能已經完全絕跡，或是只剩零星幾隻還在掙扎，不想放棄這塊地方。

儘管如此，佛比斯仍力促人類深入探索「這片廣大的深海地區」，以解開深海生物是否存在的謎題。因為即使在當時，科學家仍不斷有新發現。一八一八年，羅斯爵士（Sir John Ross）探索北極海，從一千八百公尺深的地方取回海底泥，並在泥中發現了小蟲，「證明儘管深海海床一片漆黑、寂寥靜謐，上方還壓著深度超過一公里的海水，在壓力極大的狀況下，仍有動物存在。」

之後在一八六〇年，一艘研究船「鬥牛犬號」（Bulldog），在法羅群島（Faroe）到拉布拉多（Labrador）之間，勘查預定舖設海底電纜線的北邊路徑後，提出了另一篇報告。鬥牛犬號的研究人員曾將探測索下探至約二千二百七十公尺深的海底，並將纜索置於海底一段時間後才拉上，結果發現上面攀附著十三隻海星，船上的自然科學家因而在記錄上寫道：「海洋深處捎來了我們期盼已久的消息」。但是，當時並不是所有的動物學家都能接受這個消息，有些仍抱持懷疑的態度，認為這些海星是在纜索收回的過程中「意外抓住」纜索，因此才被帶上海面。

同樣在一八六〇年，地中海有條電纜需要維修，工作人員將電纜從二千一百六十公尺深的地方拉上水面，發現纜線上滿佈著珊瑚和其他的附生動物，這些生物顯然是從幼體時就已經依附在纜線上，經過數個月或數年的時間慢慢發展成熟，不太可能是在纜線拉上海面的過程中才纏上。

而後在一八七二年，全球第一艘海洋探測專用船「挑戰者號」（Challenger）從英國出發，環繞全球進行研究。這艘船一次次撒網，從數公里深的海底、覆滿紅色淤泥的寂靜深海以及一片漆黑的中層海域中，撈上許多奇特古怪的生物，傾倒在甲板上。這些奇異的生物都是第一次曝光，過去從來沒有人看過這種生物，挑戰者號上的科學家在仔細研究之後，了解到即使在最僻靜深遠的海底，也有生物存在。近來人們還發現，有一大群未知的生物分佈在全球多數海洋數百公尺深的地方，這是人類研究海洋那麼多年來，最讓人欣喜的發現。

在二十世紀的前二十五年，回聲探測法問世之後，船隻得以在行進過程中記錄海底的深度，當時大概沒有人想到，這項技術也能用來研究深海生物，不過操作這個新儀器的人員不久後便發現，從船上發送出去的聲波就像光束一樣，只要遇到固體就會反彈回來。回傳聲波有些是來自於海洋中層區域，很可能是因為碰到魚群、鯨魚或潛艇才反彈，在這些聲波傳回之後，儀器才又接收到反彈自海底的聲波。

海洋中的幻影海底夜間浮上水面 日出前沉回深海

到了一九三〇年代晚期，人類已經非常了解這些事實，連漁民也開始使用回聲探測儀來搜尋魚群。之後由於戰爭爆發，回聲探測技術受到嚴格的安全管制，因此再也沒有相關消息流出。不過到了一九四六年，美國海軍發出一項重要公告，表示過去數名科學家一直在加州外海研發深海聲納儀器，他們發現深海中有一「層」分佈面積廣闊的物體，會將聲波反彈回來。這層物體似乎是懸浮在太平洋海面與海底之間，延伸長度超過四百八十公里，深度大約是水面下三百至四百五十公尺。

這項發現是在一九四二年由美國軍艦「碧玉號」（Jasper）上的三名科學家所提出，這三人分別是艾林（C. F. Eyring）、克里斯籐森（R. J. Christensen）以及瑞特（R. W. Rait），所以有段時間人們就將這個完全不了解的神秘現象稱為ECR層（譯註：以三位發現者的姓來命名）。一九四五年，美國斯克利普斯海洋研究所（Scripps Institution of Oceanography）的海洋生物學家強森（Martin W. Johnson）有了進一步發現，讓人類對ECR層有了初步的認識。強森在「斯克利普斯號」（E. W. Scripps）上展開研究，他發現這層反彈聲波的物體會規律性地上下移動，在夜間靠近海面，日間則下沉至深海中。過去有人懷疑反彈聲波的是無生命物體，可能只是海水中的物理不連續面，但是強森的發現卻推翻了這些懷疑論點，並顯示這層物體是由許多能夠自行移動的生物所組成。

此後有關海洋中這層「幻影海底」的新發現便如雨後春筍般出現。由於聲波探測儀器廣受運用，人類漸漸明白，這個現象不只發生在加州海岸，幻影海底幾乎遍佈全球各個海盆深處，而且同樣都是日間懸浮在數百公尺深的地方，夜間則浮上水面，而在日出之前，又再度潛回海中深處。一九四七年，美國軍艦「韓德森號」（Henderson）從聖地牙哥航向南極途中，大多時候都能偵測到這個反彈層，深度變化約在五百至一千五百公尺之間。後來韓德森號由聖地牙哥到日本橫須賀市的航程中，船上的回聲探測儀同樣每天都記錄到這個反彈層，顯示幾乎整個太平洋中都有這個反彈層的蹤跡。

反彈層的生物白天被囚禁在陽光之外等著黑夜降臨

一九四七年七、八月，美國軍艦「海神號」（Nereus）做了一份從珍珠港到北極地區的連續回聲探測記錄圖，發現在這段航程中，深海地區都有反彈層存在，不過在較淺的白令海和楚克奇海（Chuckchee）中，卻完全不見蹤影。有幾個早晨，海神號的回聲探測記錄中甚至出現兩個反彈層，這兩層對海面逐漸增強的日光有著不同反應，雖然兩者都是往深海下沉，但是中間卻相差了大約二十分鐘。

雖然人類一直想採集反彈層的樣本或拍下照片，但仍無人確知這反彈層到底是由什麼構成。目前主要有三大理論解釋這個謎團，每個理論都有人支持，根據這些理論，海洋中的幻影海底層可能是由像浮游生物的小蝦、魚或烏賊所組成。

浮游生物理論中有一項極具說服力的論點，就是浮游生物會規律性地垂直遷移，在夜間浮至海面，到了清晨則下沉到光線無法穿透的地帶，移動幅度達數十甚至上百公尺，這已經是眾所周知的事實，而這種移動模式正好和分佈面積廣大的反彈層相同。組成反彈層的生物顯然十分厭光，白天幾乎完全拘禁在陽光之外，只能迫不及待地等著黑夜再度降臨，才能快點回到海面。但是，究竟是什麼力量將這些生物驅逐到深海中？又是什麼因素讓牠們在驅趕力量消失後，馬上回到海面？是否因為黑暗中敵人的威脅較小，所以牠們才躲在無光的世界裡？是否因為海面的食物較豐富，才誘引牠們在黑夜的掩護下回到海面？

有些人認為聲波反彈層裡的生物就是魚類，他們表示，魚是以類似浮游生物的小蝦為食，會跟著食物遷移，所以反彈層才會垂直移動。這些人主張，在所有海中生物的器官中，魚鰾因為構造的關係，最有可能產生明顯的回音。不過這個理論有個費解的地方，讓人難以全盤接受：目前並無其他證據，能夠證明全球各地的海洋中都有這種魚群存在。事實上，就人類所知，大陸棚或是大洋中某些界線明確、食物特別充足的區域，才是魚群真正密集的地方。如果最後證實反彈層是由魚群所組成，那麼一般人對於魚類分佈地區的觀念，就必須大幅修改了。

海面上許多烏賊在活動 就像點很久才熄掉的大水銀燈

而最出人意表（也最少人相信）的理論，就是主張反彈層是由無數隻烏賊所組成：「這些烏賊在海洋光亮地帶的下方徘徊，等著黑暗來臨，好回到飽含浮游生物的海面上，大肆掠奪捕食一番。」一贊成這個理論的人表示，烏賊的數量夠龐大，分佈的範圍也夠廣泛，因此從赤道至兩極，幾乎各個地方都能偵測到牠們所反彈的聲波。大家都知道，烏賊分佈於溫、熱帶地區大洋中，是抹香鯨唯一的食物來源，此外長吻鯨也一樣只以烏賊為食，其他大多數的齒鯨、海豹和許多海鳥，也都會捕食烏賊，這些都足以證明烏賊的數量必定異常龐大。

的確，那些曾經在夜間貼近海面工作的人們，都對黑夜海面上數量極其龐大的烏賊，以及牠們的活動留下深刻的印象。很久以前，約爾特（Johan Hjort）便在《大洋深處》裡面寫道：

某天晚上，我們在法羅群島陸棚拖著長索漁網捕魚，船邊掛了盞電燈，方便我們看清楚漁網繩索，這時候，一隻隻烏賊像閃電一樣躍向電燈……一九〇二年十月，有天晚上我們在挪威沿海陸棚外航行，看到長達數公里的海面上，有許多烏賊在活動，像一個個發光的泡泡，也像點了很久才熄掉的大盞水銀電燈。

海爾達曾在報告中指出，晚上他的木筏會受到有如槍林彈雨般的「烏賊轟炸」；弗萊明（Richard Fleming）也表示，他在巴拿馬外海做海洋研究時，晚上常常看到一大群烏賊聚集在海面，此起彼落朝光亮的地方跳躍，這些光源通常是人類在操作儀器時用來照明的燈火。不過蝦子也會在海面上形成同樣壯觀的景象，大多數的人都很難相信烏賊的數量居然能夠多到佈滿整個海面。

深海攝影或許是最有可能解開幻影海底謎團的方法，不過目前仍有技術上的困難，例如照相機是繫在一條糾結彎曲的纜繩上，由隨著浪潮漂行的船隻垂放入深海中，因此要穩住照相機身便是一大問題。在這種情形下拍出來的照片，有的看起來像是攝影師把鏡頭對著星空，邊搖晃相機邊按快門所照出來的相片。不過挪威籍生物學家羅勒夫森（Gunnar Rollefson），藉著同時運用攝影與聲波圖技術，成功地捕捉到一些影像。當他搭乘約爾特號（Johan Hjort）研究船到羅福敦群島外海研究時，一直接收到水下三十六至五十四公尺深的魚群所反彈的聲波，於是他便將一臺特製照相機放入聲波圖所顯示的深度。洗出來的照片中，可以看到遠方游動的魚群，還有一條清晰可辨的大鱈魚出現在燈光下，就在鏡頭前游移。

要了解這個反彈層，最合理的做法就是直接採樣，但是困難在於，由於反彈層的動物移動十分迅速，因此必須先研發出便於操作、可快速捕捉這些生物的大型漁網。麻薩諸塞州伍茲霍爾海洋研究所（Woods Hole）的科學家，曾經以一般用於捕捉浮游生物的漁網來撈捕反彈層生物，結果發現這個地方聚集了許多磷蝦、箭蟲和其他深海浮游生物。不過這個反彈層實際上仍可能是由較大型的動物所組成，這些動物以蝦為食，由於體型太大或動作太靈活，目前的漁網根本無法捕捉到牠們。或許，新漁網能為我們帶來解答，而電視則是另一個可能替人類揭開謎底的途徑。

燈光所及之處盡是浮游生物
像迷霧一般在水中盤旋舞動

即使到現在，有關這個反彈層的謎團仍未完全解開。不過，藉由巧妙結合各種新技術，人類已慢慢了解這個地區。目前看來，至少在某些地方，像是在新英格蘭外海大陸棚，反彈層主要可能是由魚群組成。科學家運用多頻音源（一般的回聲探測器只有單頻）來研究反彈層，最後得出以上的結論。這種研究方法不只發現反彈層垂直移動的特性，更發現反彈的音波會隨著深度而改變，關於這點，最合理的解釋就是，在魚游向海中深處時，水壓逐漸增加，魚鰾也因此而壓縮，而在魚向上游至海面時，由於水壓減輕，魚鰾便因而膨脹，因此反彈音波才有所不同。

過去一直有人主張，魚類的數量不夠多，不足以形成廣佈全球各地的反彈層，但如今新技術帶來了更多資訊，這種說法也跟著逐漸消弭。從前人類以為，反彈聲波愈強代表反彈音波的生物群愈密集，如今我們明白，回聲探測儀所記錄的回聲波，並不一定能顯示反彈層生物的密集度，記錄中較明顯的記號，可能只是儀器在某一刻突然接收到的反彈強波而已。一九五〇年代逐漸廣為人們所採用的研究方法，就是結合水下照相機與回聲波探測器，以這種方式所拍攝到的魚類，反彈聲波都十分強大。雖然這些發現並未排除反彈層或許也包含其他生物的可能性，不過確實是極有力的證據，足以證明魚類是反彈層的主要成員。此外，聲波反彈現象可能並非由單一種類的生物所形成，而是隨著廣大洋中反彈層的各種組成成員而改變。

近來種種跡象顯示，海洋中層區域確實棲息著許多生物，雖然這些發現仍十分模糊，但卻和觀察家所提出的報告不謀而合。這些觀察家不但曾親自潛入深度接近中層海域的區域，還取回了樣本，證明他們確實目睹的許多事物。雖然畢比在潛入深海前的六年期間，已在同一片區域用漁網撈捕海中生物不下數百次，但在乘坐潛水球進入深海後，卻發現這個地區的生物，遠比他所預期的還要豐富多樣。在下潛至深度超過半公里的地方後，他回報說：「生物群的密集程度，是我前所未見。」而根據畢比博士回憶，在他下潛深度超過八百公尺（這是潛水球的最深下潛記錄）後：「舉凡燈光所及之處，盡是浮游生物，像迷霧一般在水中盤旋舞動。」

抹香鯨把深海地區當成狩獵場獵物就是深海的烏賊

或許早在數百萬年前，有些鯨魚就已經發現海中有大量的深海動物，而現今海狗似乎也發覺了這點。從化石中可以得知，鯨魚的始祖是陸地哺乳動物，而從牠們強而有力的顎部和尖牙來判斷，可以確信當時牠們必定是肉食性動物。或許牠們在大河三角洲或淺海邊覓食時，發現了豐富的魚類和其他海洋生物，因此數百年來，牠們就追隨這些海洋生物，慢慢深入海中。漸漸地，牠們的身體形態變得更適合海洋生活，後肢慢慢退化（如果解剖現代鯨魚，或許還可以發現牠們退化的後肢），前肢則演化為在水中控制方向和維持平衡的身體器官。

最後，鯨魚彷彿是為了平分海洋中的食物資源一般，分成三大族群，分別以浮游生物、魚類和烏賊為食。以浮游生物為食的鯨魚，只能生存在富含小蝦或橈足類動物的水域，這樣才能滿足牠們龐大的食量，因此除了少數幾個區域外，這些鯨魚主要的生活範圍都侷限在南、北極海域以及溫帶高緯地區。以魚類為主食的鯨魚雖然捕食範圍較廣，不過主要的生活範圍，仍侷限在魚群數量龐大的區域。

這兩大族群的鯨魚很難在熱帶海域和遠洋海盆找到充足食物，不過在很久以前，體型巨大、頭方牙利、名為抹香鯨的鯨魚就已經發現，這些區域海面上雖然荒涼杳無生物蹤跡，但海面下數百公尺深的地方卻有許多動物存在，而人類直到最近才發現這點。抹香鯨把這些深海地區當成自己的狩獵場，場內的獵物就是生活於深海的烏賊，包括棲息在遠洋四百五十公尺以下區域的大王烏賊（Architeuthis）。抹香鯨的頭部有長形條紋，上面通常會有無數個圓形傷疤，那都是由烏賊的吸盤所造成，從這些疤痕看來，我們不難想像兩隻巨型生物在漆黑深海中纏鬥的戰況。抹香鯨重達七十公噸，而大王烏賊則長達九公尺，如果再加上扭動、抓附力強的觸手，總長度甚至達十五公尺。

目前人類尚無法確知大王烏賊生活的最深範圍，不過卻找到頗有力的證據，能判定抹香鯨下潛的最深限度，而這些抹香鯨下潛的目的，很可能就是要獵捕大王烏賊。一九三二年四月，運河區巴波亞港（Balboa, Canal Zone）到厄瓜多爾艾斯美拉達斯（Esmeraldas, Ecuador）之間的海底電纜嚴重受損斷裂，纜線維修船「全美號」（All America）因而出動檢修，在哥倫比亞外海將纜線拉回海面。當維修人員將纜線拉回海面時，發現纜線纏住了一頭長達十三公尺的雄性抹香鯨屍體，纜線不僅纏住了這頭鯨魚的下顎，還繞住了一片鰭、身體和尾巴，而這條纜線原本是鋪設在九百七十公尺深的海底。

雷孟地質觀測所（Lamont Geological Observatory）的黑森（Bruce C. Heezen），在一九五七年出版了一本佳作，內容講述一八七七到一九五五年間所發生的十四樁鯨魚被海底電纜纏住的實例。其中十樁發生在中、南美洲的太平洋外海，兩樁發生在南大西洋，而在北大西洋和波斯灣也各發生一起意外。這些意外的受害者都是抹香鯨，而厄瓜多爾及秘魯的外海是這類事件發生最頻繁的地方，原因可能和抹香鯨的季節遷徙有關。

抹香鯨被電纜繞住的意外，最深曾經發生在海面下約一千一百二十公尺深的地方，不過這類意外大多是發生在九百公尺深之處，顯示抹香鯨的獵物主要可能聚集在這層海域。從這些意外可以看出兩個重要細節：首先，纜線纏鯨的意外都發生在早期的維修地點附近，這些地方的纜線都是隨意擱在海底；第二，這些纜線通常都是纏住鯨魚的下顎。黑森表示，鯨魚貼著海底潛行找尋獵物時，下顎可能會被這些隨意擱置的纜線纏住，於是便開始努力掙扎，結果最後卻完全被纜線纏死。

深海魚沒成功抗拒上浮力量便會淪落到海面

有些海狗似乎也發現了深海中所隱藏的豐富糧食。一直以來，人類都不了解，東太平洋的海狗在北美加州到阿拉斯加的外海過冬時，到底在哪裡找到食物？又是以什麼為食？目前並沒有證據顯示這些海狗會大量捕食沙丁魚、鯖魚或其他具商業價值的魚，而且如果四百萬隻海狗和漁民爭奪同樣的魚類，一定會鬧得眾人皆知。不過人類已找到一些重要的證據，可以解釋海狗的食物來源——在牠們胃裡的魚骨頭，是一種人類從來沒見過的魚種。事實上，這種魚的骸骨也只在海狗的胃裡發現過，而從未出現在其他地方。魚類學者表示，這種「海狗魚」通常生活在大陸棚邊緣外的海中深處。

到現在人類仍不清楚，鯨魚或海狗在潛入數百公尺深的地方時，是怎麼承受巨大的壓力變化。牠們和我們一樣，都是溫血哺乳動物，而潛水夫病正是由於壓力突然減輕，血液中急速累積氮氣氣泡所導致，因此如果潛水夫從三百六十公尺深的地方快速浮上海面，就會暴發潛水夫病而死亡。根據捕鯨者的證詞，鬚鯨被魚叉刺中後，會馬上下潛八百公尺，這是他們丈量被拉下海的魚叉繩索長度後所得到的數據。在這種深度，身體每三點五公分平方所承受的水壓高達半公噸，而鯨魚卻能從這個地方馬上游回海面。最合理的解釋是，鯨魚不像潛水夫，在水裡還有氧氣筒供氧，牠在下潛時身體裡的空氣有限，因此血液中的氮氣自然也不足以造成傷害。不過真正的原因我們仍不清楚，因為我們不可能把一隻活鯨魚關起來做實驗，而要成功解剖死鯨魚，也幾乎一樣困難。

同樣的，像玻璃海綿或水母那樣十分脆弱的生物，居然能生活在深海壓力龐大的環境中，乍聽之下似乎很矛盾。不過那些在深海中悠遊自在的生物，牠們體內組織的壓力其實與外在環境的壓力相當，只要身體內外的壓力保持平衡，生活在水壓高達一公噸上下的環境裡，就像我們生活在普通大氣壓裡一樣，沒有任何不便。我們必須注意到一點，就是大多數的深海生物一輩子都侷限生活在某個區域裡，根本不需要設法適應巨大的水壓變化。

不過當然也有例外，海中真正能適應巨大壓力變化的神奇生物，並不是一輩子生活在海底、承受著五至六公噸重水壓的動物，而是那些習慣上下垂直移動幾十到幾百公尺的動物，例如白天會潛入深海的小蝦和浮游生物。至於擁有魚鰾的魚類，則明顯會受到壓力急遽變化所影響，如果你看過拖網漁船從一百八十公尺深的地方拉網上船，就會明白這點。漁民捕魚拉網上船時，這些被捕的魚都會經歷水壓急遽減輕。

此外，有時魚類也會游出自己的適居區域，結果回不了頭。或許牠們在追捕獵物的過程中，不知不覺間就穿過一層層漂浮的浮游生物，向上游到適居區上緣，甚至因此越過了界限，一旦超過這條隱形的界限，便可能迷失在陌生惡劣的環境中。在上層水域裡，由於水壓減輕，因此牠們魚鰾內的氣體便開始膨脹，而在這種情況下，魚的浮力就變得更大。或許這些魚會用盡全力抗拒上浮的力量，努力想游回深海，但如果沒有成功，就會「淪落」到海面，因外在壓力突然減輕導致組織擴張破裂，最後傷重死亡。

漆黑深海只剩黑色的魚類
蝦卻罩著鮮紅及紫紅色

海水本身重量所造成的壓力其實不大，過去人類一直有種特殊的想法，認為在海中深處，海水會產生抗力，讓所有從海面下沉的物體無法繼續向下，這種說法根本是無稽之談。照這個說法，沉船和溺水者的屍體，以及其他體型較大、沒被飢腸轆轆的食腐動物吃光的海洋生物屍體，都不可能沉到海底，而是永遠漂浮在海中某個地方，至於在哪兒漂浮，則要從物體本身的重量相對於周遭水壓的情況來判斷。但事實上，所有的物體只要比四周海水重，就會繼續往下沉，且所有的大型物體經過幾天之後，都會沉到海底。從最深的海盆中打撈的到鯊魚齒和鯨魚硬耳骨，都是證明這個事實的無聲證詞。

不過海水的重量（深達數公里的海水，對底層海域所造成的壓力）確實對海水本身產生了某種影響。如果某些自然法則能暫時失效，讓海水向下的壓力突然消失，那麼全球的海平面就會上升三百三十五公分，美國大西洋海岸線會向西移一百六十公里以上，我們所熟悉的全球地理輪廓，也都會有所改變。

因此，巨大水壓是影響深海生物的一大條件，而黑暗則是另一項條件——在深海地區見不到一絲亮光，這種環境促使深海動物產生奇特驚人的改變。這個漆黑一片的世界，和陽光照耀的世界截然不同，或許只有親眼見識過的人才能想像。我們知道在深入海裡的過程中，光線會急速消失，當我們來到海面下六十或九十公尺深的地方，紅光會首先消失，接著陽光中的橙、黃光等暖色光也會陸續消失，然後綠光消逝，最後到三百公尺深的地方，只剩下鮮明的靛青色。如果海水十分清澈，光譜中的紫光或許可以再深入三百公尺，而過了這個深度之後，深海裡唯一的顏色就只剩下墨黑了。

有一點非常奇特，就是海中動物的體色，通常都會和牠們生活的地區相關。生活在海面區域的魚類，像是鯖魚和鯡魚，體色通常是藍色或綠色，此外，漂浮在海面的僧帽水母以及體側帶著淺藍色的海蝸牛，體色也都偏藍或綠。然而海面下層的矽藻草原，以及漂浮水中的馬尾藻海草下方，海水的顏色會變得更偏深藍，因此這個區域的生物體色大多都呈透明，牠們透明朦朧的身形和周遭環境巧妙地融合，藉此可躲避無時無刻不存在的饑餓天敵。這些透明的生物包括箭蟲、櫛水母和許多魚類的幼體。

在水面下三百公尺的地方，以及陽光所能觸及的盡頭，經常可以見到銀色魚群，還有其他許多紅色、黃褐色或黑色的魚類。翼足類浮游生物呈深紫色，而雖然上層海域的箭蟲是透明無色，但這裡的箭蟲卻呈深紅色。同樣地，水母在上層海域是透明無色，但在水面下三百公尺深的地方，卻是深棕色。

到了深度超過四百五十公尺的地方，所有的魚類都是黑色、深紫色或褐色，但是對蝦卻出人意表地罩著紅色、鮮紅和紫紅色。原因為何？至今仍不得而知，不過因為所有的紅光都無法穿透到這個深度，海水中早已沒有任何紅光存在，因此對蝦身上的豔紅色在其他生物看來，也只不過是黑色。

在黑暗中獵食的深海魚眼睛極大彷彿想盡收所有光線

深海裡也自有繁星點點，甚至會不時出現神秘短暫的月光，這些奇特的光芒，可能是由半數生活在微光或全黑海域中的魚類，以及許多比魚類更低等的生物所發出。許多魚類身上都有發光器官，可隨意控制開關，以方便牠們搜捕獵物。其他生物身上也有一排排亮光，至於光亮的圖案樣式，則因生物種類而異，可以說是一種辨識記號或標誌，近海其他生物可以從這些亮光圖案，來判斷彼此是敵是友。深海烏賊會噴出體液，形成一團光雲，正好和淺海烏賊所噴的「墨汁」相反。

更往深處，即使是陽光中最強的光線也無法穿透抵達，在這個地方，魚類的眼睛變得極大，彷彿是想盡收所有光線，也可能變得像望遠鏡一般，不但水晶體變大，而且十分凸出。深海魚一生都在黑暗中獵食，因此眼睛裡通常缺乏「視錐」，或是視網膜缺少辨色細胞，但卻多了「視桿」，能接收微弱光線。在陸地上的純夜行性動物身上，也可以看到相同的改變，這些夜行動物就像深海魚一樣，從來沒見過陽光。

在漆黑的世界裡，有些動物的眼睛很可能會退化而變成全盲，就像陸地上的某些穴居動物一樣。許多生物為了彌補缺少視力的遺憾，便發展出神奇的觸角和細長的魚鰭，來摸索探究周遭的環境，就像許多盲人用拐杖探索四周一樣，這些生物透過觸覺來辨識敵、友和食物。

即使海水再清澈，也沒有任何植物能存活在一百八十公尺以下的海域，甚至對大多數的海洋植物而言，一旦深度超過六十公尺，就沒有足夠的陽光來維持光合作用，因此海洋植物最後的蹤跡，都留存在上層淺海地區。由於動物無法自行產生食物，因此深海動物以一種奇特且幾近寄生的方式，完全依賴上層區域生活。雖然這些饑餓的肉食動物會兇猛無情地互相獵食，不過終究來說，整個深海動物群還是仰賴上層海域緩緩沉降的食物微粒而生存。這些像雨點一樣不停降下的微粒，包含了來自海面或中層海域的動植物，有的已經死亡，有的則在垂死邊緣。

從海面到海底之間分佈著許多不同的區域，以水平方式層層相疊，每一層海域的食物來源都不盡相同，但整體而言，食物量卻是由上而下層層遞減。深海中有些體型小、長得像龍的魚類，有著驚人的大嘴和一嘴尖牙，身體還具有彈性，可極度擴大，這些條件讓牠們能夠吞下比自己大上好幾倍的魚類，或是在挨餓許久之後，痛快地飽餐一頓，從這些特點都可以看出，深海動物搶起食物來既兇悍又毫不留情。

黃花魚在日落時分大合唱
還有粗啞的鳴叫及輕柔的鼓聲伴奏

深海生物的生活環境，除了壓力和黑暗，人類在前幾年又加進了「寂靜」這個條件，不過現在我們知道，這個觀念並不正確，因為海洋根本不是寂靜無聲。人類曾多次透過水聽器和其他監聽儀器探測海中，結果發現全球各地海岸線附近的海域都異常喧囂，充斥著魚、蝦、海豚、甚至是其他未知生物所發出的各種聲音。目前只有少數人針對深海等地區的聲音進行探究，比如說「亞特蘭提斯號」的工作人員，他們將水聽器放入百慕達外海深處後，錄到了特殊的低鳴聲、尖嘯聲和詭異的呻吟聲，至今尚未追查到聲音的來源。不過研究人員曾在較淺海域捕捉魚類，將牠們關進水族箱裡錄下聲音，並和海裡錄到的聲音做比較，在許多次實驗中，都成功比對出聲音的來源。

二次大戰期間，美國海軍設立了水聽器網絡，以防止敵軍侵入切薩皮克灣，但是在一九四二年春天，這個網絡卻失靈了。每天傍晚，架在海面上的擴音器都會發出噪音，聽起來就像是「風鑽在拆人行道」。水聽器所傳出的巨大噪音，完全掩蓋了船艦通過的聲音，最後人們才發現，這些噪音是一種名叫黃花魚的魚類所發出，牠們在近海地區過冬，到了春天便游進切薩皮克灣。一旦確定噪音的來源，經過分析之後，就能用電子濾波器過濾掉這些聲音，如此，擴音器又能像從前一樣，只傳出船艦航行的聲音。

之後在同一年裡，加州拉荷亞市（La Jolla）斯克利普斯研究所的碼頭外，也響起黃花魚的合唱。每年從五月到九月下旬，黃花魚都會在傍晚日落時分開始大合唱：「唱和聲愈來愈大，變成粗啞的鳴叫聲，還有輕柔的鼓聲伴奏。黃花魚會持續唱兩、三個小時，然後鳴叫聲慢慢減弱，最後只剩稀稀落落的一、兩聲。」研究人員將好幾種黃花魚分別關入水族箱裡，發現這些魚發出的聲音，和「粗啞的鳴叫聲」類似，但是目前還沒有發現那個輕柔鼓聲的來源，據推測可能是另一種黃花魚所發出。

在海中特別常聽到的聲音，就是像乾樹枝燃燒的爆裂聲，或是熱油鍋的滋滋聲，這是從槍蝦棲地所發出的聲音。這種蝦體型小而圓，直徑大約一公分長，有一隻非常大的螯，可以用來擊昏獵物。牠習慣不停地開合牠的螯，而成千上萬隻蝦一起開合螯，就會形成所謂的「蝦爆聲」。一直到水聽器錄到這些小槍蝦所發出的聲音後，大家才知道牠們的數量居然如此龐大，分佈的範圍竟然如此廣泛。在全球極廣闊的地帶，也就是南、北緯三十五度間（例如從海特拉斯角到布宜諾斯艾利斯），深度在五十四公尺以內的海域中，都能聽到這些聲音。

深海充滿了神秘與詭異 彷彿有非常古老的生物潛伏其中

哺乳動物、魚類和甲殼動物也會在海中發出聲音，生物學家在聖勞倫斯河（St. Lawrence River）河口，透過水聽器聽到了「高音調的共鳴哨音與尖嘯聲，隨著答答聲、咯咯聲和低鳴聲，與偶爾發出的唧唧聲而改變，這些答答、咯咯聲有點像是弦樂隊調音時所發出的聲音。」只有在成群白海豚出現在河裡時，才會聽到這種令人難忘的合奏，因此這個聲音很可能就是來自於這些海豚。

長久以來，人類一直懷疑海洋動物聲音的功用。早在二十多年以前，人們就已經知道，蝙蝠之所以能在黑暗洞穴與黑夜裡來去自如，是因為牠能發出高頻音波，在物理功能上與雷達類似，如果在牠行經的路徑上有任何障礙物，就會將音波反彈回去。海中某些魚類和哺乳動物所發出的聲音，是否也具有類似的功用，能幫助深海動物在黑暗中順利移動和覓食？

早期伍茲霍爾海洋研究所曾經用錄音帶記錄下一種海中聲音，那是某種來自深海的神秘叫聲，由於錄音採樣的地區位在海底深處，那兒想必是黯然無光。研究人員發現，每一次的叫聲都會伴隨著微弱的回聲，因此為了方便稱呼發出這些詭異叫聲的未知生物，研究人員將牠們命名為「回聲魚」。一直到最近，佛羅里達州立大學（Florida State University）的柯羅（W. N. Kellogg）教授利用捕獲的海豚做了精妙的實驗後，才找到證據證明，海中生物發出的聲音，確實與蝙蝠的回聲定位或回聲測距系統類似。柯羅教授發現，海豚會不斷發出水中脈衝聲波，藉此才能準確穿越佈滿障礙物的地帶而不致發生碰撞。在視線不良的混濁水域或黑暗中，他們也會用這種方法讓自己順利游動。

在柯羅教授的實驗中，研究員將障礙物放進水族箱後，海豚便會發出一連串的聲波訊號，藉此判斷障礙物的位置。如果用水管接水沖擊水面，或是讓大雨澆灌水面，「就會形成一種干擾，產生極大的聲音，影響海豚的『警示』嘯音和『躲避』反應」。如果在海豚無法用視覺判斷物體位置的情況下，將食物丟入水族箱裡，牠們就會用聲波來確定食物的位置，左右擺動頭部以接收回聲訊號，藉此鎖定目標的確切位置。

深海的神秘、詭異與亙古不變，讓許多人以為這個地方可能有非常古老的生物，也就是某種「活化石」潛伏其中——「挑戰者號」上的科學家可能就存有這個念頭，因為他們曾經用漁網撈上樣貌十分奇特的生物，其中大多都是人類從沒看過的生物，但是基本上牠們仍然是現代生物，沒有寒武紀的三葉蟲或志留紀的海蠍子，也完全不像在中生代侵入海洋的大型海洋爬蟲類生物。事實上，牠們都是現代的魚、烏賊和蝦，為了適應惡劣的深海環境，外形才變得這麼奇特古怪。不過很顯然的，牠們都是在最近的地質時代中發展出來的生物。

深海地區非但不是生命的起源地，還很可能是近代才有生物移居進來。生命在淺海、海濱或甚至河流沼澤裡發展繁衍時，地球上仍有兩個廣大區域是生命的禁地，一是大陸，另一就是深海。正如我們所知，海中生物是在大約三億年前，才首度克服陸地生存的大障礙而成功登陸。而在深海中，由於長期處於黑暗之中，加上壓力驚人、海水寒凍刺骨，對生物生存造成了更大的阻礙，因此至少就高等生物的情形來說，可能一直到近代，才成功進入這個地區。

皺鰓鯊繼承原始鯊魚的衣缽
在寂靜的深海中努力生存

不過近幾年，又有一、兩個重大發現，讓科學家仍然懷抱希望，期盼深海可能隱藏了某些連結過去的線索。一九三八年十二月，一艘拖網漁船在非洲東南端的外海活捉了一條奇特的魚，讓人大吃一驚的是，這條魚應該早在六千萬年前就已經絕種了！換句話說，目前這種魚的化石，最近的年代也是在白堊紀時期，人類在幸運捕獲這條魚之前，根本從來沒有發現過這種生物的活體。

這艘拖網漁船上的漁民，是在僅僅七十二公尺深的地方撈到這條魚，他們發現這條身長一公尺半的魚體色鮮藍，頭部巨大，而且魚鱗、鰭和尾部的形狀都非常奇特，和他們過去所捕獲的魚類完全不同，因此他們在返回港口的途中，就將這條魚送到最近的博物館裡。這條魚名為腔棘魚，當時人類只抓到過這一條，根據合理的推斷，這條魚的生活區域，應該比一般的捕魚場更深，在南非抓到的這條，其實是不小心游出棲地走失，才被漁民捕獲。

腔棘魚屬於空棘魚目，是某個十分遠古的魚種，大約在三億年前出現於海中。在之後的兩億年間，以及後來更長遠的時間裡，岩石中慢慢形成了腔棘魚的化石。當人類在南非外海發現這些魚類在白堊紀所留下的記錄時，一開始認為這只是神秘特殊的偶發事件，不太可能再度發生。不過南非一名魚類專家，史密斯教授（J. L. B. Smith）卻不認同這個觀點，認為海中一定還有其他的腔棘魚，於是他開始耐心尋找，直到十四年後才成功找到另一個實例——一九五二年十二月，史密斯在馬達加斯加西北端外海的昂儒昂群島（Anjouan）附近，又捕獲了另一條腔棘魚。之後，這個尋找工作由馬達加斯加研究所主任米勒（J. Millot）教授接手，到了一九五八年，米勒教授已找到了十條腔棘魚，其中七條為雄性，三條為雌性。

相隔六千萬年，這種化石腔棘魚再度出現，美國自然史博物館（American Museum of Natural History）的薛佛（Bobb Schaeffer）教授對此提出了一項合理的解釋。他指出，腔棘魚最早出現在前侏羅紀時期，棲息在淡水沼澤和海洋等各種環境中，但是從侏羅紀至今，這些魚似乎已完全生活於海中。在白堊紀接近尾聲時，海平面急遽下降，過去淹沒於海中的許多大陸地區因而露出海面，但也因此，腔棘魚的生活空間從此侷限在海盆中，而牠們的化石也都留存在海底沉積物中，但是由於人類難以到達這個地方，因此這些化石見光的機會似乎十分渺茫。

偶爾在水面下四百公尺至八百公尺深的地方，也能捕到形態非常原始的鯊魚，由於這種鯊魚鰓部皺折，因此名為「皺鰓鯊」。這些鯊魚大多捕獲於挪威和日本海域，大約只有五十條保留在歐、美博物館裡，但最近在加州聖塔芭芭拉（Santa Barbara）外海也捕到一條皺鰓鯊。這條鯊魚身上有許多構造特點，都和二千五百萬至三千萬年前的古代鯊魚類似。和現代鯊魚相比，這隻皺鰓鯊的鰓比較多，背鰭比較少，而且牠的牙齒和古代鯊魚化石的牙齒相似，都是呈三叉形荊棘狀。有些魚類專家認為，這隻皺鰓鯊是遠古時期原始鯊魚的遺族，這些原始鯊魚早就已經從淺海地區消失，但是皺鰓鯊這個物種卻繼承了原始鯊魚的衣缽，在寂靜的深海中努力求生存。

或許深海地區還潛藏著人類未知的其他類似古生物，但是數量可能十分稀少，稀稀落落地分散在大海中。這些深海地區的環境條件對生物生存十分不利，居住其中的生物必須像塑膠一樣，不斷調整自己去適應這個只比黑暗外太空好一點的惡劣環境，並把握所有對細胞生存有利的條件，才有可能繼續留存，直到下一個世代。

隱藏之地

細沙滿地的洞穴，清冷、深幽，

連風也在此止休。

——英國教育家阿諾德

第一批航越寬廣太平洋的歐洲人，對船身下方所隱藏的世界十分好奇。麥哲倫在航行至土阿莫土群島（Tuamotu Archipelago）的聖保羅（St. Paul）和提布林尼斯（Los Tiburones）兩個珊瑚礁島之間時，曾要求船員將探測索放入海中。這條探測索只是當時探險員常用的繩索，長度還不到三百七十公尺，根本搆不著海底，但是麥哲倫卻宣稱他行經了海洋最深的地方。雖然他的聲明完全不正確，不過當時的情景仍十分具有歷史意義，因為這是全球史上首次有航海探險家試圖探測大洋深度。

三個世紀之後，也就是在一八三九年，羅斯爵士（Sir James Clark Ross）從英國出發，率領兩艘船艦挑戰「在南冰洋上的航行極限」。這兩艘船的名字都不吉利，分別是「魔神號」（Erebus）和「恐怖號」（Terror）。羅斯爵士在海上航行時，一直想測量大洋深度，但是因為他沒有合適的探測索，因此始終難以成功。最後，他在船上做了一條探測索：「繩索總長超過六公里……在一月三日，船艦航行到南緯27°26'，西經17°29'的地方，天候狀況和所有條件都十分理想，我們成功測出水深，總共用了約四萬四千公尺長的繩索，這個區域海平面到海盆底的深度，和海平面以上的白朗峰高度差不多。」這是人類第一次成功探測海洋深度。

自古至今，測量深海深度一直是件費時費力的工作，而我們對海底地形，還遠不如對月球面向地球那一面的地景來得熟悉。不過，經過這麼多年，人類的探測方法已經有長足的改進：美國海軍的墨瑞（Maury），以強韌的細繩取代羅斯爵士所用的笨重麻繩，一八七〇年，凱爾文勳爵（Lord Kelvin）則改用鋼琴線材，但即使改善了設備，探測海洋深度仍須耗費數小時甚至一整天。到了一八五四年，墨瑞儘可能蒐集了所有的探測記錄，但是大西洋的深海深度探測記錄僅有一百八十份，而在現代聲波探測器問世後，全球海盆深度的探測記錄，總共也只有一萬五千份左右，平均大約是每一萬五千五百平方公里探測一次。

如今，數百艘船艦上都裝備有聲波探測儀器，可以在航行過程中，連續探測船身下方的海底地形輪廓，不過只有少數儀器能探測到水深三千六百公尺以下的地形。水深探測資料迅速累積，速度之快甚至讓人來不及標示在航海圖上。漸漸地，海中所隱藏的地形輪廓，開始像畫家補充巨幅地圖中的細節一樣，慢慢地浮現。

現代聲波探測儀器的探測範圍已大幅擴張，在理想的狀況下，功能最強的儀器能夠探測到海底最深處。但是在海上實際操作時，探測儀器的效能會受許多因素所影響，像是海底的狀態，或是海面與海底之間的中層水域的情況等等。不過，現在海洋學家所使用的儀器，探測距離已經夠遠，足以讓他們繪出所有的海底地形。

因此，人類現在已十分了解海底大致的地形。我們在越過潮線之後，會遇到三大海洋地形，就是大陸棚、大陸坡和深海海底平原，這些區域都各有各的特色，就如同北極圈凍原必定會迥異於洛磯山脈一樣。

北海的道傑岬曾是一片森林 裡頭棲息著各種史前野獸

大陸棚位於海中，在所有的海洋地理區域裡，大陸棚和陸地最像，處處陽光普照，只有最底部處於黑暗之中。在這個區域裡，植物漂浮於水中，海草緊附在陸棚岩石上隨波搖曳，人類常見的魚群（不像深海那些詭異的怪物魚）像一群群牲口，在陸棚平原上游動。大陸棚裡的物質主要都來自於陸地，包括細沙、碎石、以及大量表土，這些東西被河水沖刷入海，慢慢沉澱在陸棚中。地球上某些大陸棚的山谷和丘陵，是受冰河侵蝕而形成，樣貌和我們所知的北方地景相當類似，廣大冰河流經這個地區，在表面各處留下了岩石和砂礫沉積。

事實上，大陸棚的許多地區（甚至是所有地區），在過去的地質年代中是位於海平面以上，當時海平面只要略為降低，就足以讓這片地區一次次曝露在風、雨和陽光中。紐芬蘭（Newfoundland）的大瀨區曾一度突出於古代海洋，不過後來又隱沒至水中。北海陸棚的道傑岬（Dogger Bank）曾經是一片森林，裡頭棲息著各種史前野獸，但如今這個地區的「森林」卻變成海草，而「野獸」則成了魚群。

在海底所有的地理區域中，大陸棚對人類的影響或許最為直接，因為人類主要都從這個地區擷取海洋資源。全球的大漁場大都位於深度較淺的大陸棚海域，只有少數例外。海中平原的水草聚集在這裡，形成大量資源，可做為食物、藥品以及許多商品。隨著古代海洋遺留在大陸地區的石油礦藏逐漸減少，石油地質學家漸漸將注意力轉移到海洋邊緣地帶，希望能找到可能蘊藏在陸棚之下，尚未被人發現、開採的石油礦。

大陸棚始於潮線，向海逐漸延伸，看起來像是一片微微傾斜的平原。過去人類一向將一百八十公尺深的等高線，當成大陸棚和大陸坡的界線，但現在則習慣把陸棚緩坡突然變陡坡的地方當成界線。這些陡峭的大陸坡會向下直通入深海，在全球各地，這種坡度變化平均都發生在大約一百三十公尺深的地方，而大陸棚最深大約達三百六十至五百四十公尺。

美國太平洋沿海都是寬度不到三十三公里的大陸棚地形，狹窄的海岸鄰接著新興的高山，這些山脈可能至今仍持續增高。不過在美國東岸海特拉斯角以北，大陸棚卻寬達二百四十公里，而在海特拉斯和佛羅里達州南方外海，大陸棚卻只不過是通往大海的狹窄門檻。這個地方的大陸棚之所以如此狹窄，似乎是因為巨大湍急的海中河流——墨西哥灣流的壓力所造成，這道洋流在這個地區的行經路線非常靠近陸地。

北極海邊緣的大陸棚，寬度居全球第一。巴倫支海大陸棚寬約一千二百公里，深度也比較深，多數地形都位於海平面下一百八十至三百六十公尺深的地方，整片區域彷彿是被冰河的重量壓陷，才變形坍塌至海中。巴倫支海大陸棚上有許多深刻的溝槽，凹槽兩側隆起成為堤岸島嶼，進一步證明了冰河作用對這個地方的影響。全球最深的大陸棚位在南極大陸邊緣，根據人類在這個區域所做的多次深度探測顯示，南極大陸棚從沿海區域一直向外延伸到整片陸棚，深度都達數百公尺。

大陸坡是海盆的圍牆
也是海洋真正起始的地方

越過大陸棚邊緣，在我們想像大陸坡陡峭的地形時，也開始體會到深海的神秘與獨特。例如，四周變得愈來愈黑暗，壓力也愈來愈大，景象愈來愈荒涼，所有的植物都生活在淺海地區，在這裡只看得到岩石、泥土、泥地和沙地等單調地形。

在生物方面，大陸坡就和深海一樣，是動物的世界，充滿了肉食動物，彼此相互獵食，這是因為這個地方根本就沒有植物，而從上層陽光普照的海域所漂下來的，又都是已經死掉的植物。大陸坡大多脫離了海表波浪活動的範圍，不過洋流中大量流動的海水，在行經沿海地區時會壓迫大陸坡，而一波波潮汐也會衝擊著這個地區，因此在大陸坡仍可以感受到澎湃的內波。

就地質角度來說，大陸坡是地表最壯觀的地形，它是深海海盆的圍牆，是大陸最遠的邊界，也是海洋真正起始的地方。大陸坡是地球上最長也最高的陡坡，平均高度為三千六百公尺，在某些地方甚至高達九千一百公尺，陸地上沒有任何一座山脈從山腳到山頂之間會有這麼大的高度落差。

大陸坡地形不光是因為陡峭、高聳而顯得宏偉壯觀，這個地方還有海中十分神秘的景點，就是海底峽谷。峽谷的峭壁和蜿蜒山谷切進大陸邊緣，全球許多地方都發現有這種海底峽谷，如果我們在目前尚無人探索的地區探測水深，可能會發現有這種海底峽谷地形遍布全球。地質學家表示，有些海底峽谷是在地球進入新生代，也就是最近的地質年代期間才形成，大多是形成於一百萬年前（或不到一百萬年前）的更新世。但是沒有人知道這些峽谷是怎麼形成，又是由什麼力量造成的。在許多有關海洋的議題中，峽谷的起源是人類討論最激烈的主題之一。

由於海底峽谷隱藏在深海黑暗之中（大多位於海平面以下一千六百公尺或更深的地方），因此才未列為世界壯觀的景色之一。我們很難不去把海底峽谷和科羅拉多州的大峽谷相比，因為海底峽谷就像陸地上被河流切割形成的深谷，蜿蜒而曲折。如果從橫剖面來看，峽谷呈V字形，兩邊山壁以陡峭角度向下傾斜，延伸至狹窄的谷底。

從許多海底大峽谷的所在位置來看，可以知道這些地形曾經和現代地球上的某些大河相連，例如哈德遜峽谷（Hudson Canyon）是大西洋沿岸的大峽谷，而另一個綿長峽谷則起自於紐約港入口與哈德遜河河口，在大陸棚上蜿蜒百里，兩個峽谷之間只以一座低矮的海底山脊相隔。薛帕（Francis Shepard）是研究峽谷的主要專家之一，他表示，剛果河、印度河、恆河、哥倫比亞河、聖法蘭西斯科河以及密西西比河都與大型峽谷相接。他並指出，加州蒙特利峽谷（Monterey Canyon）位於瑟林那河（Salinas River）古河口外，法國布列頓角峽谷（Cap Breton Canyon）看似與現有的河流無關，但實際上卻與阿杜爾河（Adour River）十五世紀的古河口相連。

某些海底峽谷由河流侵蝕而成後來才隱沒至海

從這些峽谷的樣貌，以及與現存河流的關聯，薛帕推斷海底峽谷是在過去仍位於海平面以上時，遭河流切割成形。由於這些峽谷是在較晚期形成，因此似乎和冰河時期的某些事件有關聯。大家都知道，在大冰河存在期間，部分海水脫離海洋，凍結成冰河，海平面因而下降。不過多數地質學家都表示，當時海平面只下降數十公尺，而海面必須下降約一千六百公尺，才可能形成這些峽谷。因此，另有理論表示，在冰河前進、海平面降到最低的時候，海底出現了大量泥流，泥土受海浪翻攪，沿著大陸坡傾瀉而下，沖刷出峽谷。然而，由於目前缺乏決定性的證據，因此我們並無法真正確知這些峽谷實際上究竟是怎麼形成，對人類而言，這仍然是個謎團。

自研究人員提出有關峽谷的研究說明後，這十年間人類對峽谷又有了更多的了解，但是對於這些峽谷的起源仍然沒有統一定論。現代許多海洋學家一直努力設法解開這個謎題，潛水員直接潛入淺海區域，探查加州峽谷上部，將峽谷岩壁攝影存檔，並採集樣本；海洋學家也研究其他海域的峽谷地形，運用深海岩心採樣器或採泥器，採集岩石或沉積物樣本；而精確深度記錄器則能夠提供許多有關峽谷地形的新資料。根據這些研究結果，我們現在知道峽谷至少可以分為五大類，各有各的特徵，起源也不盡相同，目前沒有任何一種理論能夠解釋所有峽谷的起源。

海洋地質學家薛帕教授一開始提出的理論，主張峽谷是先由河流侵蝕而成，後來才隱沒至海中，但是他如今卻認為，這個說法雖然足以說明某些峽谷的起源，卻不能用來解釋所有峽谷的形成原因。比如說，有些海中深谷呈凹槽形，兩側岩壁平直，這些深谷形成於地殼不穩定的區域，很可能是岩質海床上的斷層或裂痕。另有理論主張，某些峽谷是由名為「濁流」的大量沉積物泥流侵蝕而成，在人類更加了解海床的活動情形之後，這項論點也獲得不少支持。若針對這些特別迷人的海底特色做更深入的詳細研究，應該不僅有利於說明這些峽谷的發展史，更能大幅增進我們對地球史的了解。

許多海洋探測器可能都卡進太平洋海底裂口

深海海盆的底部，或許年代和海洋本身一樣久遠。就我們目前所瞭解，在深海成形之後的數億年間，這些位於深處的盆地就一直隱沒於水底。大陸邊緣的陸棚在不同的地質年代中，時而受波浪衝擊，時而遭到風、雨及霜雪侵蝕，但是深海卻完全由海水覆蓋，始終安然處於數公里深的水底。

但這並不表示深海地形從形成的那天起就一直保持不變。海底和大陸陸塊一樣，都是一層淺薄地殼，覆蓋在地球熔岩狀的地涵之上。在地球內部稍微冷卻內縮，與上層覆蓋的地殼產生間隙後，地殼有些地方就會突起形成皺折，而地殼在調整變動時所形成的壓力和張力，則會導致某些地方下陷成為深溝，此外，還有些地方會隆起成為圓錐形的海底高山，而在地殼裂縫處則會冒出一座座火山。

一直到近幾年，地理學家和海洋學家仍然認為深海底是一大片廣闊平原，雖然他們知道海床上有其他地形特徵，像是大西洋中脊（Atlantic Ridge），以及菲律賓外海的民答那峨海溝（Mindanao Trench）等數個極深的低地，但是他們仍然認為，這些都只是平坦海床上異常的地形起伏，除此之外，海底幾乎沒有地勢高低的落差。

但是，瑞典深海考察隊（Swedish Deep-Sea Expedition）卻徹底推翻了海底一片平坦的傳統說法。這支考察隊在一九四七年夏天從哥德堡（Goteborg）出航，花了十五個月探索海床，這艘瑞典籍的「信天翁號」穿越大西洋，朝巴拿馬運河前進，在航行途中，船上科學家對海床極端險峻的地勢都驚異不已。根據他們的回聲探測儀顯示，海底幾乎沒有延續數公里的平地，相反地，海底地勢一直起伏不定，高低不平的地形綿延一公里甚至數公里。太平洋海底崎嶇不平，許多海洋探測儀器在這裡都無法發揮效用，研究人員在這個地方不知道損失了多少根岩心採集管，可能都卡在海底裂口裡。

海底幾乎都是多山、多丘陵地形，不過印度洋卻是個例外。根據「信天翁號」在錫蘭東南方海面上的探測結果顯示，這個地區的海底連續數百公里都是平坦無起伏的地形。科學家試圖從這片平原上採集海床樣本，不過沒有成功。在採樣過程中，岩心採樣器一再損壞，顯示這個區域的海底都是硬化熔岩，整片廣大的高原，可能都是由海底火山大規模噴發流出的岩漿所形成。印度洋海底的這片熔岩平原，可能類似陸上華盛頓州東部的廣大玄武岩高原，或是印度的德干高原，這些地方都是由玄武岩組成，厚度達三千公尺。

另外，伍茲霍爾海洋研究所的研究船「亞特蘭提斯號」發現，大西洋海盆中也有一片平原，從百慕達到大西洋中脊，再延伸到中脊東邊。在平坦的地形上，只有一些低矮圓丘突起，可能是火山口。這片平原十分平坦，看起來幾乎完全沒有受過侵擾，長久以來一直靜靜地累積沉積物。

島弧內側是一排排火山 外側則陡然下降造成海溝

一般人可能會猜想，海床上最深的凹地是位在海盆中央，但事實上，海中最深的窪地卻是在靠近大陸的地方。位於菲律賓東方的民答那峨海溝，是全球著名的深海溝，也是海中可怕的深淵，深度達十公里。日本東方的塔斯加羅拉海溝（Tuscarora Trench），深度與民答那峨海溝相當，是博寧島（Bonins）、馬里亞納島和帕勞斯島（Palaus）等島嶼所組成的太平洋島弧外緣眾多狹長海溝之一，而在阿留申群島面海一側也有許多條海溝。大西洋的深海淵有的與西印度群島相鄰，有的則位在合恩角下方（Cape Horn），在合恩角附近，島弧像石階一樣，一個接著一個向南極海延伸。同樣地，印度洋東印度群島島弧附近，也有海淵相鄰。

然而，人類後來卻發現，位於關島外海的馬里亞納海溝深度其實更深，深海潛水艇「圖里雅斯德號」就是潛入這條海溝，創下最新的海底深潛記錄。一九五一年「挑戰者號」曾探測馬里亞納海溝深度，結果顯示，海溝深度達一萬零八百六十三公尺。由於「挑戰者號」能指出做回聲探測的確實地點，這項記錄才獲得了承認，成為人類正式探測記錄中的最深記錄。不過在一九五八年，「勇士號」上的俄羅斯科學家卻表示，他們也曾在馬里亞納海溝做深度探測，而且測到比這個記錄略深的深度（一萬一千零三十四公尺），但是他們卻未能指明探測地點。

島弧與深海溝一定會有這種相鄰關係，而這兩種地形也一定只形成於火山活躍的地區。如今大家一致公認，這種模式與造山運動和隨之而來的海床劇變有關。在島弧內側是一排排的火山，而在外側海床則是陡然下降，造成寬V字形的深海溝，這兩種力量似乎不太平衡，一邊是地殼隆起形成山脈的力量，另一邊則是海床地殼下沉，陷入下方的玄武岩地層中。有時，下沉的花崗岩物質似乎會破裂並再度隆起形成島嶼，據推測，西印度群島的巴貝多（Barbados），和東印度群島的帝汶便是因此而形成。這兩個地方都有深海沉積物，似乎曾經都是海床的一部分，不過這可能是特殊例外。以《冰河時期變動的世界》一書中，著名地質學家戴禮的話來說：

> 地球的另一項特性，就在於能夠抗拒不停產生的剪力……大陸的位置比海底高，這些陸地一直不斷地抗拒壓力，才不至於往海床的方向移動。太平洋海底的岩石十分堅硬，可無限期地承受巨大壓力，這些壓力有的由東加海溝（Tonga Deep）地

殼下沉所造成，有的則來自夏威夷島所堆積的一萬公尺厚的岩漿層，和其他的火山產物。

科學家們隨著冰層漂過北極海探索這世界頂端的海洋

北極海海床是最鮮為人知的海底區域，要在這裡探查也會遇到很大的困難——厚達三十八公分的永凍冰層覆蓋在整個中央海盆之上，根本沒有船隻可以通行。一九〇九年，皮爾瑞（Peary）駕著狗拉雪橇衝往北極的途中，曾做了好幾次探測，其中一次，他在距離北極點數公里的地方，成功將探測金屬線伸入海中二千七百公尺深之處。一九二七年，威爾金斯爵士（Sir Hubert Wilkins）將他的私人飛機降落在巴羅角（Point Barrow）北方八百八十五公里的冰層上，並做了一次回聲探測，取得五千四百一十五公尺這個深度數據，是所有北極海探測記錄中最深的深度。

有些船艦會刻意讓冰層凍住（像是挪威籍的「前進號」以及俄羅斯的「謝多夫號」和「薩德柯號」），藉此隨著冰層一起漂過北極海海盆，海盆中央的許多深度資料記錄，都是採用這種方式取得。一九三七、三八年，俄國科學家在北極點的附近著陸，靠著飛機空投補給物資在冰層上面生活，隨著冰層一起漂流，並且在這段期間內探測深海將近二十次。

最大膽的北極海探測計劃，應是威爾金斯爵士所執行的研究計劃。他在一九三一年登上潛水艇「鸚鵡螺號」，打算在冰下潛行，從斯匹茨伯根（Spitsbergen）航行到白令海峽，以橫越整個北極海海盆。然而，「鸚鵡螺號」從斯匹茨伯根出發後，只過了幾天就發生潛水設備機械故障，導致計劃無法繼續。到了一九四〇年代中期，人類用了各種方法，總共也不過只做了一百五十次北極海海深探測，因此，這個位在世界頂端的海洋，多數地區仍然不為人知，目前人類只能靠想像力，來揣測這些地方的海底地形。在二次大戰結束後不久，美國海軍便開始採用新的海底探測方法，可以穿過冰層執行探測工作，或許能取得關鍵資料，解開北極海謎團。

目前人類提出一項十分有趣的推測，認為中分大西洋的山脈，原本預估北端可能只到冰島，但實際上這座山脈可能一直向北延伸，穿過整個北極海海盆直達俄羅斯沿岸。這條沿著大西洋中脊而分佈的地震中心帶，似乎橫跨過北極海，至少我們可以根據這點推斷，發生海底地震的地方，可能都是多山地形。如今，人類在海洋地質領域已有了驚人的新發展，這些發展進一步證實了有關大西洋中脊可能穿越北極海海盆的推測。甚至有些地質學家認為，海中有一座山脈，綿延六萬四千公里，橫越了大西洋、北極海、太平洋和印度洋海底，而整座大西洋中脊其實只是這座山脈的一部分。

鮮為人知的生物長在冰層表面
將它染成黃色或紅色

儘管北極海海盆的探索工作困難重重，不過由於一項革命性的發展，終於使整個研究能夠用實證來取代假設。這項發展就是利用美國核子動力潛艇潛行至冰層下方，直接探索北極海深處。一九五七年，「鸚鵡螺號」（和威爾金斯爵士所搭乘的傳統潛艇同名）率先潛行橫越北極海冰層，執行初步研究，以確認搭乘潛艇探索北極海的可行性。「鸚鵡螺號」在水中潛行了七十四個小時，航行距離將近一千六百公里，科學家在這趟航程中蒐集了許多資料，包括海洋深度以及海面冰層厚度等數據。之後在一九五八年，「鸚鵡螺號」再度從阿拉斯加巴羅角出發，穿越整個北極海海盆抵達北極點之後，再進入大西洋海域。

科學家在這趟史上著名的航程之中，繪出了北極海海盆中心的第一份連續回聲探測記錄地形圖。後來也陸陸續續有其他的核子潛艇加入探索，更加提升人類對北極海的了解。如今，根據這些核子潛艇的海底研究成果，以及其他較傳統的探索研究結果顯示，北極海的海底地形和一般海盆大同小異，都有著平坦的深海平原、散佈的海底山岳以及崎嶇的山脈。

目前就人類所知，北極海最深的深度約為五千四百公尺，其大陸棚坡折（即陸棚邊緣急遽傾斜下降的地方）位於阿拉斯加外海六十四公尺深處，比一般海洋的大陸棚坡折還淺。在國際地球物理年（International Geophysical Year）期間，科學家根據岩心採樣管和採泥器取回的樣本，和深海攝影的結果，發現北極海海底佈滿了岩石、小卵石和貝殼，且這些貝殼主要都是淺海貝類。目前北極海的冰層似乎只包含些微（甚至完全不含）岩礫沙石等物質，故人類在海底樣本中發現的這些物質，必定是冰層在過去的地質年代中，從周圍大陸進入北極海時所帶來的，而當時的北極海仍是一片廣闊的大洋。

俄國科學家曾經針對海洋生物做了許多研究，並且從中獲得許多重要的資料，似乎足以推翻南森早期提出的理論，也就是北極海中央的海域非常貧瘠，缺乏動、植物的說法。根據漂流研究站「北極點」所收集的資料顯示，北極地區其實有各式各樣的動、植物及浮游生物存在，鮮為人知的生物以冰層表面為家，體內包含了大量的脂肪，將冰層染成黃色或紅色。冰層上雖然沒有矽藻，但在冰面融化形成的湖濱之中，卻能看到這種藻類和其他浮游生物一起生活，而當許多矽藻群一起吸收大量的太陽能時，將會讓冰層融化得更加厲害。夏天時，北極海上會出現許多浮游生物，吸引著鳥類和各種哺乳動物前來覓食。

這些海底山峰彷彿被人一刀砍掉又被海浪刨過

最近幾年海底地形圖上新增加了一種地形，那就是位於夏威夷與馬里亞納之間海域的奇特平頂海底丘，其數量大約有一百六十個左右，而在一九四〇年代以前所繪的海底地形圖上，從來不曾出現過這種地形。這項進展是由普林斯頓大學地質學家海斯（H. H. Hess）所促成，他在二次大戰期間，曾經負責指揮美國軍艦「強森角號」在太平洋上的巡航工作，為期兩年，不久後，他便對艦上回聲探測記錄圖中顯示的海底山脈數量之多感到驚異不已。回聲探測儀的記錄針在描繪深海地形時，一次又一次地突然大幅度移動，繪出險峻的海底山岳地形，而根據圖上顯示，這些山岳大多都是孤伶伶矗立在海床上。

而這些海底山岳和典型的海底火山錐不同，頂部均寬廣平坦，山峰彷彿先被人一刀砍斷，然後又被海浪刨過一般。不過這些山岳的頂峰卻是位在海平面以下五百至一千五百公尺，或甚至在更深的地方。到底這些奇特的山峰是怎麼被削平的？這個謎題或許和海底峽谷一樣難解。

事實上，綿延的海底山脈又和散佈的海底山岳不太一樣，人類從很久以前開始，就已經在航海圖上標示出這些山脈。大約在一個世紀以前，人類就已經發現大西洋中脊，早期在勘查跨大西洋纜線的鋪設路徑時，我們就已經可以從一些蛛絲馬跡，推斷出大西洋中脊的存在。德國海洋研究船「流星號」，曾經於一九二〇年代在大西洋上來回航行，為的就是要確定大西洋中脊主要的地形輪廓。而伍茲霍爾海洋研究所的「亞特蘭提斯號」也花了數個夏天，在亞速爾群島（Azores）附近海域觀察並蒐集資料，徹底研究這座海底山脈。

如今我們已了解這座巨大山脈的輪廓，也大略知道山脈中所隱藏的高峰和深谷。大西洋中脊起於大西洋中部靠近冰島的地方，從這個高北緯地區向南延伸，夾在兩座大陸之間，穿過了赤道，進入南大西洋，繼續延伸到南緯五十度左右的地方，然後在非洲南端急遽向東，朝印度洋延伸。整座山脈的走向，大致和兩側大陸的海岸線平行，甚至在赤道地區，也順著巴西外突的地形，以及非洲向東彎曲的海岸線而有明顯的彎曲。有些理論主張，這個彎曲的部分顯示大西洋中脊曾經是大陸的一部分，只是在南、北美大陸漂離歐、非大陸時，被遺留在大洋中央。不過，最近的研究卻顯示，在大西洋海床上有非常厚的沉積物質，是經過數億年累積而成。

有些洋脊山峰穿過黑暗深海突出洋面成為島嶼

大西洋中脊綿延達一萬六千公里，多數地區海底活動活躍，而整座山脈似乎也是因為巨大力量相互衝撞所形成。大西洋中脊從西邊山麓丘陵到東邊伸入東大西洋海盆的山坡，寬度大約是安地斯山脈的兩倍，是阿帕拉契山脈的好幾倍寬。而洋脊在靠近赤道的地方，出現一道東西向的深裂口，也就是羅曼海溝（Romanche Trench），是大西洋東、西深海海盆唯一相通之處，不過在洋脊較高的山峰區域，也有其他較狹窄的山道。

當然，大西洋中脊多數地區都隱沒在海底，洋脊的中央主脈高一千五百公尺至三千公尺，而在主脈山峰之上，還覆蓋了一千六百公尺深的海水。不過，仍有些山峰會穿過黑暗深海突出洋面，成為中大西洋島嶼。大西洋中脊的最高峰是亞速爾群島的皮克島（Pico Island），若從海底算起，這座山峰高達八千二百三十公尺，但只有最上端的二千一百至二千四百公尺突出於海面。而洋脊最陡峭的山峰，則是位在赤道附近的群島，名為聖保羅岩礁（Rocks of St. Paul）。這片群島是由六座小島所組成，分佈範圍還不到半公里，島嶼的岩石坡陡降入海，地勢非常險峻，只在岸邊數十公分外，水深就已經超過半公里。而火山活動頻繁的亞森欣島（Ascension）也是大西洋中脊的山峰，此外崔斯坦火山島（Tristan da Cunha）、高夫島（Gough）和波維特島（Bouver），也都是洋脊山峰。

不過，大西洋中脊主要的部份，仍隱藏於深海中，人類無法輕易看到。我們只能間接透過神奇的聲波探測，來了解洋脊的地勢起伏，利用岩心採樣器或採泥器，採集少許的洋脊物質，並以深海照相機拍下洋脊地景的細部情形。在這些技術的輔助下，我們可以想像出海底山脈的宏偉面貌，想像這些山脈的陡峭崖壁、岩質平頂、深邃幽谷和高聳山峰。如果要將這些海底山脈和陸地上的山脈相比，則必須和位在森林線以上的山脈比較，這些山脈的山谷中鋪滿了靄靄白雪，狂風陣陣掃過光裸的岩石表面。而海中的「森林線」或植物生長線，則剛好跟陸地相反，在界線以下，沒有任何植物能夠生長。海底山脈的山坡遠在陽光照射的範圍之外，山坡上只有光禿禿的岩石，而在山谷裡，也只漂浮著數億年來靜靜累積的深海沉積物。

在微光平靜的深海裡 海岸山脈能安然不受侵擾

在太平洋和印度洋雖然沒有長度相當於大西洋中脊的山脈，不過仍然有一些較小的山脈伏臥其中。夏威夷群島就是太平洋海盆中央山脈的頂峰，這座山脈長約三千二百公里，而吉爾伯特群島（Gilbert）和馬紹爾群島（Marshall）則分立於另一座中太平洋山脈的兩側。此外東太平洋廣闊的海底高原，連接了南美海岸與中太平洋的土阿莫土群島，而在印度洋，則有一座綿長山脈從印度延伸至南極洲，這座山脈的寬度和深度都勝過大西洋中脊。

海底山脈與大陸上古往今來的山脈相比，哪一個年代比較久遠，這點很值得思考。回顧過去的地質年代，我們可以發現，陸地上的山脈通常是伴隨著火山爆發或強烈地震才隆起成形，只不過後來又因為暴雨、冰霜和洪水的侵蝕，才崩塌消失。那麼海底山脈呢？是不是也根據同樣的原理形成，也同樣在成形後不久即遭到侵蝕？

有證據顯示，海底地殼和陸表地殼一樣不穩定，透過地震儀追蹤，我們會發現全球多數地震都是源自於海底，而稍後也會討論到，海底活火山的數量可能和陸上一樣多。大西洋中脊顯然是沿著地殼變動、重整的裂痕而形成，雖然這條洋脊沿線的火山活動大多似乎都已沉寂，但目前這條洋脊仍是大西洋的主要地震帶。環繞太平洋海盆的大陸邊緣地震頻繁且佈滿火山，有些火山仍十分活躍，有些已經休止，還有一些則是進入兩個爆發期之間的百年休眠期。太平洋海濱四周幾乎都有高山環繞，陸面的地形走勢由山頂驟降，直往下伸入深海之中。除了南美外海，從阿拉斯加沿著阿留申群島，經過日本向南延伸至日本與菲律賓外海這片區域，也都有海溝分佈，由這些海溝地形可知，這個區域仍在不停變動發展中，也表示這是地表承受巨大張力的地帶。

不過，海底山岳是地球上最像詩人口中「永恆之丘」的地形。陸地山岳一形成，便開始遭受各種自然力量的侵蝕，但是海底山岳在形成的過程中，卻能不受一般侵蝕力量所影響，安然從海底向上發展，火山峰甚至還可能突出於海面。這些島嶼受到雨水侵蝕，整座新興山岳的高度漸漸降低，並開始受到潮來潮往的沖刷，在海洋波浪衝擊之下，這座山再度沒入水中，最後，在狂風巨浪的摧殘破壞之下，山峰被徹底夷平。而在微光的海中、平靜的深海裡，這座山卻安然不受侵擾，甚至可能在地球漫長的歷史中，幾乎維持不變。

由於海底山岳幾乎亙古不變，因此海底最早形成的山岳，必定遠比陸地山岳古老。

海斯教授曾在中太平洋發現海底山岳，他認為這些「沉沒的古代島嶼」可能是在寒武紀以前，或是在五至十億年前之間形成，因此這些山岳可能和勞倫系造山運動所形成的陸地山岳一樣古老，只不過海底山岳幾乎沒有改變，高度和現在的少女峰（Jungfrau）、埃特納火山（Mt. Etna）或是胡德山（Mt. Hood）等陸地山峰相當；而勞倫系造山運動時期所形成的陸地山岳，如今卻僅存遺跡。根據這個觀點，在二億年前阿帕拉契山脈形成時，太平洋的海底山岳必定早就存在已久。這些山岳至今仍幾乎保持原狀，但是阿帕拉契山卻飽受侵蝕，變得只像是地球表面的皺折而已。六千萬年前，在阿爾卑斯山、喜瑪拉雅山、洛磯山和安地斯山成為雄偉山脈時，海底山岳早已生成，而且很可能在這些陸地上的宏偉高山化為塵土時，位於深海的山岳仍然屹立不搖。

亞特蘭提斯的傳說
引領人航向海洋去尋找失落的帝國

人類逐漸發現海底隱藏的地形後，內心便一再浮現一個疑問：隱沒於海中的海底山脈，會不會和著名的「失落的大陸」有關？這些虛幻不真實的傳說陸地，包括神話故事中的印度洋雷姆利亞大陸（Lemuria）、聖布倫頓島（St. Brendan's Island）以及失落的大陸亞特蘭提斯等等，就像深植在全球各地民間傳說裡的種族記憶，不斷出現。

亞特蘭提斯可以說是世界上最有名的傳說大陸，根據柏拉圖的說法，這個失落的世界是位在「海克力斯之柱」（譯註：Pillars of Hercules，是一座位於西班牙直布羅陀的岩石山，突出於海峽東邊，古代相傳是世界的盡頭）以外的大島或大陸，它是由一個好戰的民族所建立，統治這個帝國的國王好大喜功，經常對非洲和歐洲大陸發動攻擊，佔領了利比亞多數地區，橫掃歐洲地中海沿岸，最後攻入雅典。但是，「這時卻發生了大地震和大洪水，在一天一夜之內，所有攻擊希臘人的戰士都遭到大水吞噬，亞特蘭提斯島也從海面上消失。從那時起，這些地區就變得難以航行。在亞特蘭提斯的舊址有一大片沙洲，船隻根本無法通過。」

亞特蘭提斯傳說流傳了好幾個世紀，後來人類終於鼓起勇氣航向大西洋，穿越這片海域，之後還探測大洋深度，然後開始推測這個失落帝國的所在位置。大西洋上許多小島都被人指為是沉沒大陸的遺跡，其中聖保羅岩礁最常被當成是亞特蘭提斯遺下的軌跡，這個小島孤伶伶的立於海中，承受潮來潮往的沖刷。人類在上個世紀開始漸漸了解大西洋中脊的範圍，因此在推測失落大陸的位置時，也常把注意力集中在深海裡這一大片洋脊的分佈區。

不過，這些生動的傳奇想像可能終將破滅，因為就算大西洋中脊曾經位於海平面以上，那也是很久以前的事，而在這麼久以前，根本還沒有人類定居在亞特蘭提斯。科學家在大西洋中脊的某些岩心樣本中，發現了大洋典型的連續累積沉積層，這些大洋區域與陸地相隔甚遠，其沉積物的年代可以追溯到六千萬年前左右，但即使是最原始的人類，也直到一百萬年前左右才出現。

然而，亞特蘭提斯的故事就像其他流傳久遠的傳說一樣，也具有某些真實性。在人類最初的那段模糊歷史裡，各地的原始人必定都了解島嶼或者半島沉沒的情形，這些陸地或許不像亞特蘭提斯那樣，在一夕之間突然消失，但是人類可以看到陸地慢慢地沉沒，而親眼見過這種情景的人，必定會告訴左鄰右舍和下一代，因此可能就形成了大陸沉沒的傳說。

原始人帶著粗糙石器
穿過北海海床追捕獵物

上個世代時，歐洲漁民來到北海中央，開始在道傑岬撒網捕魚。不久後，他們就發現在海中十八公尺深的地方，有一塊呈不規則形狀的高地，大小和丹麥相當，而這塊高地的邊緣是陡峭斜坡，斜入深海。這些漁民的魚網也開始撈到許多不常見於一般漁場的東西，像是漁民稱為「沼澤木」的鬆散泥煤塊，以及許多骨骸。雖然漁民無法判定那些都是什麼生物的遺骸，不過似乎都屬於大型陸地動物，這些東西會勾破魚網，妨礙捕魚，因此漁民儘可能將這些東西拖離漁場，倒進深海中。不過他們也帶回了一些骨頭、一些沼澤木、樹木殘骸以及粗糙的石器，將這些東西交由科學家分析研究。

科學家在魚網所撈到的這些奇特殘骸中，發現了完整的更新世動植物，以及石器時代人類所製作的器物。然後，這些科學家抱著北海曾是陸地的想法，重新架構出失落島嶼道傑岬的故事：就在幾萬年前，道傑岬仍位在海平面以上，但如今卻已變成著名漁場，漁民在這裡撒網，捕捉來回悠遊於被淹沒樹幹之間的鱈魚、海鱈和比目魚。

在更新世時期，海中大量海水凝結成冰河，北海海床因此裸露，暫時成為陸地。這是一片低矮的濕地，上面覆蓋了一層泥煤，之後，除了苔蘚和蕨類，這片濕地上也出現了柳樹和白樺，由此可推斷，四周高地的森林必定漸漸擴大到這裡，而動物也從大陸遷徙至此，定居在這片新近從海中露出的陸地。這些動物包括熊、狼、土狼、野牛、歐洲野牛、全身長滿長毛的犀牛以及長毛象，原始人帶著粗糙石器穿過森林，在此追捕鹿和其他獵物，並用石器挖掘濕地森林的樹根。

後來，冰河開始後退，而前端冰融化釋出的洪水流進海中，海平面因此再度上升，原先的海底濕地成了一座小島。在融冰水量還不多、阻隔濕地與鄰近大陸之間的河道還不至於太寬的時候，人類可能就已經拋下石器，趕緊逃離，不過多數的動物卻仍然留在原地，可想而知，牠們生存的島嶼面積漸漸縮小，食物也變得愈來愈少，然而在這個時候，牠們已經無處可逃。最後，海水淹沒小島，佔領了這片陸地，也奪走島上所有動物的生命。

至於那些逃走的人類，可能用他們原始的方式向其他人描述這個情景，聽了故事的人又轉述給其他人，於是這個故事就這樣流傳下來，最後根植於種族記憶裡。

無盡的雪季

星球的詩篇在海底深處飄落。
——哲學詩人鮑伊（Llewelyn Powys）

地表、大氣和海洋都有自己的特點，也就是不同於其他地方的特性或特徵。當我想到深海底時，腦中唯一浮現的景象，就是沉積物緩緩累積的畫面。在我的想像中，一定會有從上層海域連續不斷漂降的物質，一片片、一層層地累積，持續數億年之久，只要海洋和大陸仍存在，這場雪就永不停息。

這些沉積物形成地球史上最驚人的「雪季」，從第一場雨落在荒蕪的岩石地表，開始施展侵蝕力量後，這場雪季就此展開。海面上出現的生物，更加速深海飄雪的速度，這些生物一生都包覆著石灰質或矽質的外殼，而牠們脫除的小外殼便沉降至海底。

地球自生成之後，便展開許多作用，由於時間充裕，因此這些作用都能夠從容完成，而其中一種就是海底沉積物不斷靜靜累積的作用。所以，在一年或是人類的一生中，沉積物的累積量雖然很少，但是在地球和海洋的漫長歷史中，累積量卻是十分驚人。降雨、地表侵蝕、以及濤濤大水沖刷夾帶沉積物等作用，都在各個地質年代以不同的節奏和速度持續進行。

海底沉積物的成份除了隨河水流入海中的泥沙之外，還包含了像是火山塵等其他物質，這些微塵散佈在大氣平流層中，可能隨著風越過半個地球，最後飄降到海中，隨波逐流，吸飽了海水之後就開始下沉。沿岸沙漠的沙土被陸風捲起後，最後也會落於海中，向下沉降。冰山和浮冰夾帶著砂礫、碎石、大圓石和貝殼，而在冰融化之後，這些物質就沉入海中。鐵屑、鎳以及其他進入海洋上空大氣層的隕石碎屑，也都成為海底紛飛大雪的雪花。但是，在所有的沉積物中，最常見的還是難以計數的微小甲殼與骨骸，這些都是生活在表海的微小生物所遺留的石灰質或矽質殘骸。

人類所採到的岩心樣本中包含了數百萬年的地質史

海底沉積物是地球的史詩，如果人類夠聰明，或許就能從這些物質之中了解歷史：一切的過去都已經寫明在其中——各種沉積物成份的性質，以及層層相疊的沉積層排列順序，都顯示出上層水域以及四周陸地所發生的一切事情。地球史上所發生過的種種劇烈激變，如火山爆發、冰河前進或後退、荒漠酷熱灼燒、洪水肆虐破壞，都在沉積物中留下痕跡。

自一九四五年後，科學家在樣本的採集與解讀上有了長足的進步，而一直隱藏在深海中的海底沉積物的秘密，也直到當時才由當代科學家所揭露。早期的海洋學家已經能利用採泥器刮取海底沉積物的表層，但其實研究人員真正需要的，是一種根據蘋果去核器原理運作的工具，可以垂直探入海床，取得長筒狀樣本或「岩心」，並完整保留各沉積層分佈的樣貌。這種岩心採樣器是在一九三五年由皮戈特博士（C. S. Piggot）所發明，他在這把「槍」的輔助下，從大西洋紐芬蘭至愛爾蘭這片區域的海底，採得許多岩心樣本，樣本的平均長度都在三公尺左右。大約十年之後，瑞典籍海洋學家屈倫貝格（Kullenberg）又研發出活塞式岩心取樣器，如今人類可以利用這種工具，採集長達二十一公尺的完整岩心。目前我們仍然無法確知海洋各區域的沉積速率，不過可以確定的是，各地的沉積速率都很緩慢，可想而知，人類所採到的岩心樣本中，包含了數百萬年的地質歷史。

另一個研究沉積物的妙法，就是哥倫比亞大學與伍茲霍爾海洋研究所的尤恩教授（W. Maurice Ewing）所採用的探測方法。尤恩教授發現，可以藉由引爆深水炸彈，記錄爆炸回聲，以測量海底岩石上所覆蓋的沉積層厚度。傳回的音波可以分成兩種，一是由頂層沉積層所彈回（也就是表面上的海床），另一種則是由「底部的底部」，也就是真正的岩石海床所彈回。當然，在海上運載或引爆炸藥都十分危險，也不是所有的船隻都有這種能力，不過瑞典的「信天翁號」以及「亞特蘭提斯號」在探索大西洋中脊時，都採用這種方法。尤恩在「亞特蘭提斯號」上除了用爆炸測量法之外，也運用折射震測技術，亦即利用聲波在海床岩層中水平移動，以了解岩石特性。

在這些技術問世之前，海床上方沉積層的厚度完全只能靠人類臆度。如果考量到海底長久以來緩慢無盡的沉積作用，是從一粒粒細沙、一片片微小甲殼開始堆積，中間可能偶爾參雜了鯊魚牙齒或隕石碎片，而且整個沉積作用確實一直持續至今，從無間斷，因此我們可以猜想海床沉積層必定十分深厚。

過去海洋經常不時進犯大陸，導致淺海地區的海底開始有鬆軟的沉積層形成，這就是現今陸地岩層的前身。因此我們可以說，形成陸地山脈的岩層，也是由類似的沉積作用堆積而成。這些沉積層後來慢慢變得結實堅硬，在海水消退之後，就成為大陸上方所覆蓋的厚實沉積岩層。這些岩層或隆起、或傾斜、或凹陷，有的甚至因地表劇烈變動而破裂，而我們也知道，有些地方的沉積岩層可能厚達數百甚至上千公尺。根據瑞典深海考察隊隊長彼得森（Hans Pettersson）表示，「信天翁號」在大西洋海盆所測得的沉積層厚度達三千六百公尺；儘管人類已經知道單是陸上沉積層的厚度便可能達到千百公尺，但是在彼得森公佈這項數據時，仍有許多人大感驚異和不解。

七千萬年的牙齒經沉積物不斷包裹形成海底的結核

如果大西洋海床上的沉積層厚度超過三公里，那麼有個問題便值得人類深思：在這些沉積物驚人重量的壓迫之下，海底岩床是否會因此下陷相當深度？對於這個問題，地質學家各持己見，莫衷一是，不過近來人類發現，太平洋海底山岳或許能證明事實正如我們所料。如果這些山岳確實如發現者所言，是「沉沒的古代島嶼」，那麼這些島嶼可能是由於海床下陷，才沒入海中，到達海平面以下約一千六百公尺深的地方，也就是現在的所在位置。海斯認為，這些島嶼應該是在遠古時代、珊瑚動物尚未演化生成時便已形成，否則在海底山脈的平坦處，一定會有許多珊瑚繁殖生長，那麼在山脈地基下沉的同時，這些珊瑚也會以同樣的速率堆高山脈。總之，如果不以沉積物壓陷地殼的說法來解釋，似乎很難說得通這些島嶼怎麼會被侵蝕到「浪基面」以下。

海底的沉積物可能分佈得並不均勻，在不同時間裡的沉積量也可能有多有少，這些情形似乎都極可能發生。因為相較於大西洋某些地方厚達三千六百公尺的沉積層，瑞典海洋學家在太平洋或印度洋所測得的沉積層厚度，卻從未超過三百公尺。或許這些地方在遠古時代，曾有大規模的海底火山爆發，溢流出的大量岩漿，在上層沉積層底部形成熔岩層，因此阻斷了聲波傳遞。

從尤恩的報告中，我們瞭解了大西洋中脊沉積層的奇特厚度變化，以及洋脊靠近美國的那一面。隨著海底地形愈來愈崎嶇，愈接近大西洋中脊的地方，地勢愈高，沉積層也愈厚，彷彿是有意堆積成厚達三百至六百公尺的驚人沉積層，以和丘陵山坡較勁。而更往洋脊高山上去，會看到許多臺地，寬度由幾公里至三十公里不等，這些地方的沉積層更為深厚，大約是九百公尺左右。不過在洋脊主脈的陡峭山壁和山頂尖峰上，卻只見岩石裸露，看不到任何沉積物。

在人類探測海底多數地方的沉積層厚度後，海洋學家對測量結果大感驚異。他們驚訝之處在於，整體而言，沉積層的實際厚度遠不如他們依據相關事實所預估的厚度。太平洋多數地區的沉積層平均厚度（包括尚未硬化的沉積層和沉積岩層）只有大約四百公尺，與大西洋多數地方的沉積層厚度差不多（這都是平均數據，當然還是有些地方有著深厚的沉積層），而在某些地區，甚至幾乎沒有沉積作用。幾年前，數名海洋學家拍下大西洋深海底，以及太平洋東南方復活島洋脊（Easter Island Ridge）上的錳結核照片。有時這些結核的核心是鯊魚牙齒，這些牙齒可追溯至第三紀，因此可能已有七千萬年的歷史。不過當然，這些牙齒是經由沉積物不斷層層包裹，才能形成結核，整個過程想必曠日費時。根據彼得森估計，這些結核大約需要耗時一千年，才能增長一公釐。而在這些結核於海床上成形的期間內，海底所累積的沉積物，深度尚不足以覆蓋這些結核。

連續數日雪花漫天飛舞
然後暴風雪平靜下來只剩細雪微飄

科學家藉由觀察沉積物中某些組成物質的放射衰變率，以了解後冰河時期海底沉積作用的速率。如果自海洋形成之後，海中便一直維持這個沉積速率，那麼沉積層的平均厚度，應該會遠高於實際的厚度。多數的沉積物是否已經分解消失？現在陸地多數地方，在過去隱沒於海中的時間，是否遠比我們所估計的還久，所以有很長一段時間幾乎未受侵蝕？除了這些說法，人類還提出許多其他看法以解釋沉積物之謎，但是論據似乎都不夠充分。或許在海床上鑿洞直通莫氏不連續面的大計劃（也就是莫荷計劃，請見〈序〉），能夠讓人類有新的發現，解釋這個謎題。

海底沉積層厚度不一、分佈不均，這種情形讓我們不禁聯想到大雪繽紛的情景。我們可以把深海裡的暴風雪，想像成北極冰原上寒凍刺骨的大風雪。大風雪連續颳了數天，雪花漫天飛舞，然後暴風雪平靜了下來，只剩細雪微飄，同樣地，海中沉積物所形成的海雪也是時大時小。大海雪來臨的時節，必定與陸地造山運動發生的時期相當，在這個時候，陸地隆起成山，雨水沖刷山坡，將泥沙岩礫帶入海中。而小海雪則發生於兩個造山運動間的平靜期，在這個期間，地表平坦，因此侵蝕作用也趨緩。在我們想像中的冰原上，寒風將雪花吹進山脊之間的深谷，在谷地堆成厚厚積雪，雪花片片堆積，慢慢掩蓋地勢起伏，最後一片冰天雪地中只見突出的山脊。在飄落海底的沉積物中，也可以看到「風」的作用，而這裡的風就是指深海洋流，這些海流依自己的定律散佈沉積物，不過目前人類尚無法了解這些定律。

不過早在許久以前，我們就已經了解海底沉積層的主要沉積模式。在大陸陸基，也就是大陸坡邊界以外的深海地區，佈滿了來自於陸地的泥土。這些泥土色彩斑斕，包括了藍、綠、紅、黑和白色，氣候變化以及來源地主要的土壤與岩石特質都是影響深海泥土顏色的主因。再往更深處，海底的淤泥主要則都來自於海洋本身，由無數微小的海洋生物殘骸所構成。在溫暖海洋多數區域裡，海底大多覆蓋著有孔蟲類這種單細胞生物的殘骸，其中數量最多的種類就是抱球蟲（Globigerina）。

在遠古時代以及近代的沉積物中，可能都會發現抱球蟲外殼，不過經歷了這麼長久的時間，這種生物已經有所改變。在了解這點之後，我們可以大略估計這些沉積物的年代。但是，不管抱球蟲如何演進，牠始終是單細胞動物，外殼奇特複雜，由碳酸石灰質所組成，這種動物體型十分微小，必須用顯微鏡才能觀察到牠的身體細部。抱球蟲和單細胞生物一樣，個體一般而言並不會死亡，而是會分裂成兩個個體。每一次分裂，抱球蟲都會拋棄舊殼，再生成兩個新殼。在溫暖富含石灰質的海域，這些小生物以驚人速度繁殖，雖然牠們體型微小，但無數的外殼卻能覆蓋海底數百萬平方公里，而且累積的深度高達數百甚至上千公尺。

有美麗透明外殼的海蝸牛殘骸沈積在百慕達海域

不過在海底深處，大部分石灰質在尚未沉降到海底之前，就因為龐大的水壓和深海海水中豐富的二氧化碳而分解殆盡，變回基本化學元素，儲藏於大海之中。二氧化矽比較能抗溶解。海洋中包含了許多矛盾，其中一項就是：許多安然抵達深海的有機殘骸，都來自於海中看似最脆弱的單細胞生物。放射蟲讓我們不禁聯想到雪花，兩者在形態上同樣都變化無窮、同樣花俏、也同樣複雜。不過由於放射蟲的外殼是由二氧化矽所組成，而非碳酸石灰質，因此牠們的殘骸能夠完整無缺地沉降到深海底。因此在北太平洋熱帶海域海底，有大片的放射蟲沉積層，而這些沉積層上方的海面，則是放射蟲數量最多的地區。

還有另外兩種有機沉積物是由生物殘骸組成，並以這些生物為名。矽藻是海中微小植物，主要在寒帶水域大量繁殖。在南極冰洋海床上有一廣大地帶佈滿了矽藻沉積物，位於冰堆所帶來的冰河碎片沉積區之外。而在北太平洋，順著阿拉斯加到日本沿岸一連串的深海溝，則分佈著另一個矽藻沉積帶。在這兩個矽藻沉積帶，都有富含養份的海水由深處上湧，因此能維持大量的植物生長。這些矽藻就像放射蟲一樣，體外都罩著矽質外殼，這種微小、像盒子一般的外殼形狀多變，構造也十分精細。

在廣闊大西洋的淺海水域中，也有一塊塊由生物殘骸所組成的沉積淤泥，這些殘骸來自於一種稱為翼足類的軟體海蝸牛。這些翼足軟體動物擁有美麗的透明外殼，數量龐大且隨處可見。翼足類生物殘骸是百慕達附近海域特有的海底沉積物，在南大西洋也有一大片由這類生物殘骸所組成的沉積層。

而最神秘奇特的，就是覆蓋海底廣大區域（尤其是北太平洋地區）的鬆軟紅色沉積物，這些沉積物中除了鯊魚牙齒和鯨魚聽骨外，並未包含任何有機生物殘骸。這種紅色淤泥只見於深海中，這個區域水壓極大，海水寒凍刺骨，或許其他沉積物在抵達之前便已經完全溶解。

數十億抱球蟲緩緩飄降
寫下記錄標示出我們生存的時期

人類才剛開始解讀這些沉積物背後的故事，在科學家採集更多岩心樣本，加以檢視之後，我們必然能更深入了解沉積物所代表的意義。地質學家指出，人類在地中海所採集的許多岩心樣本，或許能解決多項有關地中海歷史以及這個海盆四周陸地的爭議。舉例來說，地中海海底的沉積層中，可能有一層明顯與他層不同的細沙層，而在這個細沙層中必定存有某些證據，可說明撒哈拉沙漠的形成時間，當時乾燥灼熱的風颳起，吹拂著不斷變化的沙漠表面，將表層細沙吹向海中。最近科學家在西地中海阿爾及利亞外海採集了完整的海底岩心樣本，發現樣本中記錄了數千年前的火山活動，甚至還有人類一無所知的史前大型火山爆發記錄。

十多年前，皮戈特博士搭乘電纜鋪設船「凱爾文勛爵號」（Lord Kelvin）自大西洋海底取回岩心樣本，如今地質學家已徹底研究過這些樣本。從他們的研究分析，我們可了解過去一萬年左右的歷史，並感受到地球氣候的律動變化。

在這些岩心樣本中，寒冷水域抱球蟲動物沉積層（也因此可斷定為冰河時期沉積物）與溫暖水域特有的抱球蟲沉積泥交替層疊。根據這些樣本所得的線索，我們可以推想介於兩冰河時期間的情景，這段期間內氣候溫和，海底上方的海水溫暖，充滿了喜溫生物。而在冰河時期來臨時，海水溫度降低，天空雲層聚集，大雪紛飛，在北美大陸大片冰原成形，冰棚突出於海岸線之外。冰河沿著寬闊海濱進入海中，形成上千座冰山。這些緩緩移動的大冰山逐漸漂向外海，由於當時地球絕大多數地區均十分寒冷，因此這些冰山能夠像現今的流冰一樣，穿過大洋抵達遙遠的南方區域。這些冰山在陸上磨擦前行時，夾帶了許多泥沙、碎石和岩礫，凍入表面冰層之下，而在冰山融化之後，這些夾帶的物質也跟著釋出。因此在一般的抱球蟲沉積物之上，會形成一層冰河沉積層，為冰河時期留下記錄。

冰河時期結束之後，海水又逐漸恢復溫暖，冰河也慢慢融化後退，溫暖水域特有的抱球蟲又再度出現於海中，不斷繁衍、死亡。這些生物的殘骸慢慢沉降，在海底的冰河泥土碎石沉積層之上，形成另一層新的抱球蟲沉積層，沉積層裡又出現一筆氣候溫暖溫和的記錄。根據皮戈特所採集的岩心樣本，我們可以還原四個冰河時期的情景，而這四個時期又分別由溫暖氣候時期區隔。

即使是現在，在我們生活的這段期間裡，海雪仍在海底持續飄落，新的雪花一片接著一片，不斷落下，一想到這點，便覺得十分有趣。數十億隻抱球蟲緩緩漂降，寫下明確的記錄，標示出我們現在所生存的時期，在整個地球史上是屬於氣候溫暖時期。而一萬年之後，又會由誰來解讀這些記錄？

島嶼誕生

許多蒼翠島嶼，必定來自寬廣深海……

——英國詩人雪萊（Shelley）

數百萬年前，大西洋海底一座火山造出了一座山脈。火山一次又一次爆發，形成大量火山岩，最後在火山地基四周聚積成寬達一百六十公里的山脈，向上伸展直達海面，最後，火山錐突出海面，成為一座面積達五百平方公里的島嶼。經過了數千、數萬年，最後大西洋的波浪截斷了火山錐，將整座島嶼侵蝕成暗礁，只剩下一小部分還在水面上，而這一小部分就是我們現在所稱的百慕達島。

在距離陸地十分遙遠的廣大洋面上，幾乎所有突出於海面的小島，形成過程都和百慕達島大同小異。這些孤立於海中的島嶼基本上與大陸不同。整個地質年代的大部份時間裡，地球上的主要陸塊與海盆大致都維持原狀，不過島嶼的生命卻非常短暫，很可能今天才生成，明天就消失。海中的島嶼幾乎都是海底火山驚天動地猛烈爆發之後的產物，歷經數百萬年才堆積成形。這種看似十分具破壞力的天然災變，卻能促成島嶼新生，這可能是陸地和海洋的其中一種矛盾作用。

人類一直對島嶼著迷不已，或許這是出於天性，由於人類是陸生動物，因此在一片廣大無垠的大海中，看到小小一方陸地矗立海中，便會覺得欣喜萬分。假設我們在大洋海盆上航行，最近的大陸遠在千里之外，船身下方是數公里深的海水，這時突然一座島嶼出現在眼前，我們的注意力可能會順著小島的地形斜坡慢慢下移至黑暗的深海中，最後來到位於海床上的島嶼地基，揣想這座島嶼在大洋中隆起的原因與過程。

海底火山噴發時
海面突然翻騰洶湧掀起激烈亂流

陸地的能量一直要突破地表，生成新陸地，但卻不斷受到海洋能量壓制，這兩種能量經過了漫長而激烈的對抗，最後才促成火山島誕生。島嶼根源自海床，而海床的厚度可能不超過八十公里，只是一層薄薄的地殼，覆蓋著地表多數地區。由於過去海床地殼冷卻不均和收縮，因此造成了許多深縫裂口，地球內部的熔岩會沿著地表這些薄弱的裂縫湧出，最後在海中噴發。海底火山活動與陸表火山爆發不同，陸表火山爆發時，岩漿、熔岩、氣體和其他噴出物會從火山口噴向空中，但在海底，火山噴發必須對抗上方海水重量所施加的壓力。雖然三、四公里深的海水會造成極大的水壓，但是一股股湧出的岩漿，仍不斷堆高新形成的火山錐，讓火山離海面愈來愈近。一旦火山開始受波浪衝擊，鬆軟的火山灰和凝灰岩就會遭到強力沖刷，長久下來，本來可能形成島嶼的火山錐可能就會成為暗礁，無法突出海面。不過後來在經歷新的火山噴發事件後，火山錐會再度隆升，突破海面，硬化的岩漿成為防波壁壘，阻擋波浪侵襲。

航海圖上，標示了許多新發現的海底山脈，這些山脈在過去的地質年代中大多曾是島嶼，但如今只剩海底遺跡。此外，也標示著至少在五千萬年前隆起的島嶼，以及人類出現後才新興的其他小島。而現在圖上註明的海底山脈，很可能就是將來的新興島嶼，雖然我們看不到，但這些未來的島嶼也許正在海床上成形，慢慢地向海面增長。

海底火山噴發永無休止且不時發生，有的必須靠儀器才能發覺，有的卻連最粗心的人都能輕易覺察。例如在火山帶航行的船隻，可能會突然陷入洶湧的激流中，海中冒出大量蒸汽，海面翻騰洶湧，掀起激烈亂流，海面上湧出噴泉，死魚、其他深海生物和大量火山灰以及浮石，都會從隱藏於深海中的火山噴發地點浮上海面。位於南大西洋的亞森欣島，就是全球新興的大型火山島之一。二次大戰期間，美國飛行員常唱：

「如果我們找不到亞森欣
老婆就有撫恤金好收」

由歌詞可知，從美洲突出的巴西到非洲突出的陸地之間，亞森欣島是唯一的陸地，這塊險峻的陸地是由火山渣所組成，地面上分佈了不下四十個死火山的火山口。由於我們在島上斜坡發現了樹木殘骸的化石，因此可證明過去這個地方並非如此荒涼，只是這些樹木後來下場如何，至今仍無人知道。人類大約在西元一五〇〇年第一次踏上這座島嶼，發現這個地方童山濯濯，而今除了島上最高峰「青山」（Green Mountain），整座島嶼完全沒有一絲青綠。

幾乎從誕生的那一刻起火山島就註定走向滅亡

現代人雖然沒見過面積大如亞森欣島的島嶼誕生，不過卻不時發現在原本空無一物的海上，突然冒出一座小島，但或許在一個月、一年、五年之後，這座島又會從海上消聲匿跡。這些早夭的小島註定只能匆匆一瞥海上風光，旋即消逝。

大約在一八三〇年時，地中海西西里島至非洲海岸間突然冒出一座這種小島，這座島是在這個區域海底發生火山活動之後，突然從海面下一百八十公尺深的地方冒出，看起來就像是黑色的火山渣堆，高約六十公尺。在波浪、風雨的侵襲下，島上鬆軟多孔隙的物質極易受到侵蝕，因此小島很快就被消磨殆盡，再次沉回海中。如今這座島已成了暗礁，也就是我們航海圖上所標示的葛拉漢暗礁（Graham's Reef）。

鷹島（Falcon Island）位於澳洲東方三千二百公里左右的太平洋海面上，是一座海底火山的頂端，一九一三年這座島嶼突然消失。十三年後，鄰近地區的火山猛烈噴發，這座島又突然隆起，出現於海面上，此後直到一九四九年，始終是大英帝國領地的一部分。但根據殖民次長（Colonial Under Secretary）所提出的報告，這座島後來又消失無蹤。

火山島幾乎是從誕生的那一刻起，就註定要走向滅亡。這種島嶼本身就帶有自我毀滅的因子，因為每一次火山噴發或因鬆軟土石所導致的山崩，都可能急遽加速小島本身的崩解速度。不論這些島嶼是在新生不久後隨即毀滅，或是久經風霜之後才消失，可能也都是受外力所影響，例如雨水會沖刷陸上高聳山脈，而海洋甚至是人類本身，也都對島嶼具有破壞力。

南千里達島（South Trinidad）便能證明外力對島嶼的影響，這座島外貌奇特，是數百年風化作用蝕刻的成果，從島上地形可明顯看出崩解的徵兆。這些火山峰群位於大西洋上，大約在里約熱內盧東北方一千六百公里處。奈特（E. F. Knight）於一九〇七年曾表示，千里達島「已徹底受到侵蝕，整座島因火山活動、雨水沖刷而逐漸崩解，因此四處均可見到崩壞碎片。」一九年後奈特再度造訪這座島嶼，發現島上山坡已經在一次大型山崩中整個塌陷，變成石塊和火山碎屑堆。

地獄之火終於平息
海上的火山島成了海平面下的凹洞

有時島嶼的崩解來得十分突然猛烈，史上最劇烈的一次火山爆發事件，是發生在印尼的喀拉喀托火山島（Krakatoa），這場意外幾乎將整座島夷平。喀拉喀托島位於荷屬印度群島（Netherlands Indies）的爪哇（Java）與蘇門答臘（Sumatra）之間，也就是在巽他海峽（Sunda Strait）上，一六八〇年島上就已經發生過一次火山爆發事件，可說是這場大災變的前兆。二百年後，這個地方發生了多次地震，一八八三年春，火山錐裂口開始冒出煙與蒸氣，地面溫度急遽升高，火山裡不時傳出預警的隆隆聲和嘶嘶聲，而後在八月二十七日，喀拉喀托火山突然爆發，劇烈的噴發活動整整持續了兩天，最後火山錐北半邊完全坍塌，海水倏然從缺口灌入，整座火山冒出大量的超高溫蒸氣。在白熱岩漿、熔岩、蒸氣和煙塵所組成的地獄之火終於平息後，這座原本矗立於海上，高四百二十公尺的島嶼，已經成了海平面以下三百公尺深的凹洞，整座島只剩下原本火山口的邊緣仍位於海面之上。

喀拉喀托島的毀滅舉世聞名。當時火山爆發掀起三十公尺高的巨浪，沖毀了海峽沿岸的村莊，造成數萬人死亡，連印度洋沿岸以及合恩角都感受到海嘯的威力。海嘯掃過合恩角後進入大西洋，持續向北前進，一路上始終保持驚人的威力，直達英吉利海峽。此外當時火山爆發的巨響，不但傳到菲律賓群島、澳洲，甚至連遠在四千八百公里之外的馬達加斯加島都聽得到。而火山噴發出的大量火山塵以及從喀拉喀托島內部噴出的碎石，也全都進入大氣平流層，散落至全球，讓各國在將近一年的時間裡，見識了多次壯麗的紅輝日落。

雖然喀拉喀托島急遽消逝是現代人目睹最猛烈的火山爆發事件，但這座島本身似乎是另一樁更劇烈的火山活動的產物。有證據顯示，現今巽他海峽所在的位置，過去曾是一座巨大火山。在許久以前，一次劇烈的火山爆發使這座火山完全毀滅，只剩一圈破碎的島嶼，而喀拉喀托島便是其中最大的一座，在這座島消失時，原本那座巨大火山僅剩的火山口緣也隨之消失無蹤。但是在一九二九年，這個地方又誕生了新的火山島，也就是新喀拉喀托島（Child of Krakatoa）。

蒸氣騰騰的新岩塊從溫熱海水中浮出 不久又在另一次火山爆發中消失

阿留申群島所在地整個區域，都受到海底火山活動以及深海地震所影響。群島本身是一座海底山脈的山峰，這座山脈綿延一千六百公里，主要由火山活動所形成。目前人類並不清楚這座山脈的地質結構，不過我們已知這座山脈是突然從海底深淵中隆起，一邊深約一千六百公尺，另一邊則達三千二百公尺深。顯然這條綿長狹窄的山脊，正位於地殼深裂口所在之處。目前阿留申群島上仍有多座活火山與休火山。一直到十分近代，人類才開始在這個區域航行，常有船隻回報發現新島嶼，但可能只隔一年，這座島又消失無蹤。

人類在一七九六年首度發現柏格斯洛夫島（Bogoslof），此後這座小島的外形與位置已數度改變，甚至曾完全消失於海上，而後又再度出現。原島是一塊黑色岩石所組成的陸地，外貌像是一座奇異的高塔。探險家與獵海豹船在一片迷霧之中發現了這座島，因島嶼的外形與城堡十分相像，所以就把這座島命名為「石堡」（Castle Rock）。目前島上只剩一、二個尖塔狀的狹長黑岩岬，海獅常從這個地方上岸，而其他地勢更高的岩石上，則有成千上萬隻海鳥在此鼓譟喧囂。每一次主火山爆發（自人類開始觀察以來，主火山已至少噴發六次），就會有蒸氣騰騰的新岩塊從溫熱海水中浮出，有些高達上百公尺，但不久後又會在另一次的火山爆發中消失無蹤。每一座新興的火山錐都像火山學家賈格爾（Jaggar）所描述：「和火山口一樣，是一千八百公尺高的活山峰，由大量海底岩漿在白令海的海床上堆積而成，而阿留申山脈則在這裡沒入深海中。」

海中島嶼大多由火山活動所形成，這幾乎已經是全球共通的法則，不過還是有少數例外的情形，其中一例就是聖保羅岩礁。這個奇特美麗的群島位於大西洋中，介於巴西與非洲之間，從海床上隆起突出於海面，矗立於赤道洋流行經路線的正中央，這道洋流原本在海中急速奔流數千公里，從未遇到阻礙，而後卻猛然撞上聖保羅岩礁。整個群礁涵蓋的範圍不超過半公里，呈弧形分佈，形狀像是馬蹄，最高的島嶼高度還不到十八公尺，因此就連最高峰也常被浪花打溼，而群礁沿岸則驟然沉降，陡峭伸入深海中。自達爾文時代起，地質學家便一直苦思這些浪花沖刷的黑色列島的起源，他們大多認為，這些島嶼的組成物質和海床本身的組成物質相仿。在許久以前，地殼下方必定有難以想像的龐大壓力，將上方堅硬的岩塊向上推擠，導致這些岩塊上升三公里以上。

聖保羅岩礁十分荒涼孤寂，島上寸草不生，甚至連苔蘚也難以生存，因此這個地方似乎是全世界最不可能有蜘蛛的地方，我們實在難以想像會有蜘蛛在此結網，設法捕捉來往的昆蟲。但是達爾文在一八三三年造訪聖保羅岩礁時，卻在島上發現蜘蛛，四十年後英國海軍軍艦「挑戰者號」上的自然學家，也表示在這群島上發現蜘蛛，當時這些生物正忙著織網。除了蜘蛛，島上還有幾種昆蟲，有的是寄生在海鳥身上（這個地方共有三種海鳥在此築巢），其中一種昆蟲便是小型褐色的蠹蛾，寄生在海鳥羽毛中，這些大概就是生活在聖保羅岩礁上的所有生物。此外還有一種古怪的蟹類會成群湧入島上，主要以海鳥捕來飼育雛鳥的飛魚為食。

海島形成時寸草不生 動植物乘風逐波從遙遠大陸來

聖保羅岩礁並不是唯一擁有各種奇特生物的島嶼，事實上，海島上的動、植物與陸地上的動、植物種類大不相同，海島生物的生活形態十分特殊而重要。距離大陸十分遙遠的海島上，除了最近人類所帶來的生物外，從未出現過任何陸生哺乳動物，只有一種具飛行能力的哺乳動物除外，那就是蝙蝠。此外島上也沒有青蛙、蠑螈或其他兩棲生物。至於爬蟲類，可能只有少數蛇類、蜥蜴和海龜生活於島上，但是離大陸愈遠的海島，爬蟲類生物就愈少，而在完全與世隔絕的島嶼上，則見不到任何爬蟲類生物。海島上通常只有少數幾種陸鳥、昆蟲和蜘蛛，至於像南大西洋崔斯坦火山島一般遙遠的島嶼，距離最近的大陸有二千四百公里，島上除了三種陸鳥、少數昆蟲和幾種小蝸牛之外，毫無其他陸生動物。

有些生物學家表示，過去在大陸與海島之間可能曾有陸橋連接，陸地生物會經由這些陸橋移居至島上，不過即使有證據顯示陸橋確實存在，由於海島上的生物種類十分稀少，因此我們仍然很難相信這些生物學家的論點。島上完全絕跡的動物，都是那些無法涉水，必須從假想的陸橋經過的生物，而另一方面，我們在海島上所發現的動、植物，則都是可藉由風力或海水而遷移的生物。因此我們必須換種說法，假定海島上的生物是以地球史上最奇異的遷徙方式來到島上，這個遷徙活動早在人類出現以前便已展開，一直持續至今。就表面上看來，這些活動似乎像是一連串偶發事件，而非一種有秩序的自然過程。

我們只能推測島嶼自海中生成以後，大約歷時多久才開始出現生物。可想而知，島嶼最初形成時，必定寸草不生、荒蕪至極，環境之惡劣是人類前所未見。在海島的火山丘陵坡上，看不到任何生物的蹤影，岩漿凝結成的地面，也見不到植物的蹤跡。但是漸漸地，動、植物乘著風、逐著波、搭著流木，隨著漂流灌木或樹木，從遙遠的大陸移居至島上。

大自然以無可阻擋之勢將生物帶至海島上，由於態度十分從容不迫，因此可能須耗時數萬年甚至數百萬年，才可能完成任務。或許在這麼長久的時間裡，如陸龜等特定生物成功登上島嶼的次數還不到六次。如果你等得不耐煩，禁不住懷疑為什麼人類無法常看到生物登陸島嶼，那麼你就是還看不透這個過程莊重謹慎的步調。

不過我們倒是偶爾能瞥見生物遷移到海島上的方法。在距離剛果河、恆河、亞馬遜河和奧里諾柯河（Orinoco）等許多熱帶大河河口一千六百公里外的海面上，常可見到連根拔起的樹木形成自然木筏，以及糾結成團的植物漂浮於海上。這些木筏可輕易載著各種昆蟲、爬蟲類或軟體動物出海，其中有些身不由己的乘客或許能在海上撐過數個星期，而有些才剛踏上旅程，就已經不幸身亡。或許最能適應這趟木筏旅程的生物，就是寄生在樹木裡的昆蟲，在所有昆蟲之中，這種鑽木昆蟲最常見於海島。至於最不能適應木筏之旅的生物，則應屬哺乳動物，不過，如果兩座島嶼間的距離夠短，即使是哺乳動物也可能撐得過。在喀拉喀托火山爆發幾天後，有人在巽他海峽上救起一隻抱著浮木漂流的小猴子，這隻猴子全身嚴重灼傷，但仍然在這場災難中倖存下來。

飛行員在高空中穿過白絲織成的蜘蛛「降落傘」

在生物遷移至海島的過程中，風力和氣流的重要性不下於海流。在人類尚未發明飛行器進入上層大氣時，便已有許多生物在這區域熱鬧往來。在地面上空數百至上千公尺之處，聚集了各種生物，有的漂浮空中、有的飛翔、有的滑翔、有的鼓氣飛升，或不由自主隨著高空氣流盤旋而上。直到人類有能力實際進入這片領空後，才發現了這些多彩多姿的空中浮游生物。如今科學家利用特製的網和陷阱，從上層大氣捕捉到許多海島上常見的生物，例如他們曾在離地將近五公里的高空中捕捉到蜘蛛，這種生物幾乎是所有海島上最常見的住客，這點至今仍是未解的謎團。飛行員也曾在三、四公里的高空中，穿過許多白絲織成的蜘蛛「降落傘」。甚至在海拔一至五公里，每小時風速達七十二公里的高空中，也捕捉到許多活生生的昆蟲，在這種高度和強勁風速之下，這些昆蟲很可能隨風吹送數百公里。此外科學家也曾在一千五百公尺的高空採集到植物種子，其中佔最多數的，就是菊科植物，尤其是海島上常見的「薊種子」。

動、植物能乘著風飄送至海島，但值得注意的是大氣層上層的風向，不一定與地表的風向相同。信風吹拂的區域十分貼近地表或海平面，因此若登上聖赫勒拿島（St. Helena）懸崖，站在距離海平面三百公尺的高處，會發現強勁的信風在腳下吹拂。昆蟲、植物種子等一旦進入大氣上層，便能輕易背著島嶼上常吹的風，往不同方向飄送。

乘風飛翔的鳥類在遷徙時常造訪海島，因此植物的傳布可能和鳥類有關係，甚至某些昆蟲與微小陸生甲殼生物的遷移，也和鳥類有關。達爾文從鳥類羽毛上採集到泥球，經過培養後，發現居然包含了八十二種植物，分屬於五大種類。許多植物種子都具有倒鉤或針刺，非常適合附著於羽毛上。如金斑鴴（Pacific golden plover）等鳥類每年從阿拉斯加大陸飛往夏威夷群島或更遠的海島，可能和許多植物傳布之謎有關。

喀拉喀托島的災變讓自然學家有了絕佳良機，可觀察島上生物移居的情形。這座島本身大多毀於這場災變，而所剩的部分也覆蓋了一層厚厚的岩漿和火山灰，過了數星期才冷卻下來，從生物的角度來看，喀拉喀托島在經歷了一八八三年的火山爆發後，已經成了一座全新的火山島。雖然我們很難相信會有生物能在這場浩劫中存活，不過一等到島上情況允許，科學家便立即登島搜尋生物。可想而知，他們根本找不到任何一點動、植物存活的跡象，一直到九個月後，自然學家寇陶（Cotteau）才回報表示：「我只發現了一隻極小的蜘蛛，就這麼一隻而已。這隻重整家園的奇特先鋒正忙著織網。」由於當時島上沒有任何昆蟲，因此這隻勇氣十足的小蜘蛛，想必也只是白忙一場，所能捕到的大概只有幾片草葉而已。事實上，在這場災變發生後二十五年的時間裡，喀拉喀托島上完全沒有任何生物，之後，生物開始慢慢移居至此，一九〇八年幾隻哺乳動物來到這裡，此外也有一些鳥類、蜥蜴、蛇、各種軟體動物、昆蟲和蚯蚓等生物在島上現蹤。荷蘭科學家發現，喀拉喀托島上百分之九十的新住客可能都是藉風力從空中而來。

島上昆蟲避免被風吹落海 飛行能力逐漸退化

大陸眾多生物藉由雜交繁育，以保留正常物種，消除新興或異常品種，但因為海島大陸遙遙相隔，島上生物毫無這種機會，所以這些生物便發展出另一種新方式。在這些距離大陸十分遙遠的小島上，大自然自有妙法創造出奇異的生物。幾乎每座島嶼都孕育出特有的物種，也就是說，這些生物只在自己出生的島嶼上生存，在地球其他地方根本找不到同樣的生物，彷彿是在印證大自然驚人的創造力。

加拉巴哥島（Galapagos）上的熔岩地形中，保存了地球過去的歷史記錄，達爾文在年輕時正是從這些記錄中獲得啟發，瞭解了物種起源的真相。他在島上發現許多奇特的動、植物，如巨大的烏龜，在海浪中覓食、樣貌驚人的黑色蜥蜴，海獅以及種類繁多的海鳥。達爾文驚訝於這些生物與中南美陸地生物的些許相似之處，但更對兩者間的差異百思不解，加拉巴哥島上的生物不但有別於大陸生物，也和群島中其他島嶼的生物不同。數年後，達爾文回憶當時情形，在文中寫道：「我們在時、空兩方面似乎都更接近真相，對於世上最大的謎團，也就是地球新生物首度出現的情形，有了較深的了解。」

在海島演化出的「新生物」中，鳥類應該是最驚人的例子。在遠古以前，人類尚未出現之時，有一種小型、像鴿子的鳥類來到位於印度洋中的模里西斯（Mauritius）島上。經過演化（不過整個過程我們只能靠想像），這種鳥類的飛行能力逐漸退化，另外發展出短而結實的雙腿，體型也慢慢變大，最後大小和現在的火雞相當，這就是多多鳥的起源，但在人類出現於模里西斯島上不久後，這種傳說中的鳥類便從島上絕跡。紐西蘭是恐鳥的唯一家鄉，在這些像鴕鳥的鳥類中，有一種高度超過三公尺，這些恐鳥自第三紀初期就生活在紐西蘭，但毛利人登上紐西蘭不久後，最後僅剩的恐鳥也滅絕了。

除了多多鳥和恐鳥，其他海島生物的體型也逐漸變大。或許加拉巴哥島上的烏龜是在登陸島嶼之後才變成巨龜，不過大陸的化石記錄並不能證實這個論點。對於在遺世獨立的孤島上生活的生物而言，翅膀功能退化或甚至完全沒有翅膀（恐鳥就完全沒有翅膀），都是常見的情況。而在長年經受風吹的小島上，如果昆蟲仍保有飛行能力，便可能面臨被風吹落海的危險，因此島上昆蟲逐漸喪失飛行能力。加拉巴哥群島上有一種不會飛的鸕鶿，單是在太平洋的島嶼上，就至少有十四種缺乏飛行能力的秧雞。

鳥類天堂已成荒漠
過去的鶯歌鳥囀由死亡寂靜所取代

海島生物最有趣又最吸引人的特點，在於牠們特別溫馴，對人類沒有防備，即使受了痛苦的教訓也不會立即改變。一九一三年，莫菲（Robert Cushman Murphy）帶著雙桅橫帆船「雛菊號」（Daisy）上的一批船員來到南千里達島時，燕鷗紛紛飛來停在小艇中的船員頭上，好奇地盯著他們的臉瞧。而雷仙島（Laysan）信天翁的習性之一，便是跳一種奇特的儀式舞蹈，牠們絲毫不介意自然學家在身旁走動，甚至還回應這些訪客禮貌的問候，對他們恭謹地鞠躬回禮。繼達爾文造訪加拉巴哥群島後，過了一世紀，英國鳥類學家拉克（David Lack）也登上這些島嶼，他發現島上的老鷹居然肯讓他們撫觸，而鶲則是想拔下這些人的頭髮，拿來築巢。拉克在記錄中寫道：「看到野生鳥類停在自己肩上，內心不由得萌生一種奇特的喜悅，如果人類能收斂一點，不要大肆破壞，就能更常感受到這種喜悅。」

但是很遺憾地，人類在海島上恣意妄為，因此被冠上了破壞者的惡名，在種種罪行記錄中又添一筆，只要是人類到過的島嶼，一定會發生不幸劇變。人類在島上濫砍濫伐，任意焚林，大肆破壞環境，還可能帶來鼠患，而且必定會將整艘諾亞方舟上的動物都放到島上來，包括羊、豬、牛、犬、貓和其他非本島土生的動植物。島上原本各式各樣的生物也終將面臨黑暗末日，從此滅絕。

在生物的世界裡，海島生物與環境間的平衡關係最微妙。而這些生物的生活環境都十分相似，一定是在茫茫大海中央，受方向固定的洋流與海風所影響，島上氣候長年不變。這些海島生物只有少數天敵，或甚至完全沒有敵人。大陸生物常必須飽受磨難以求生存，而海島生物面對的挫折則少得多，但是在這種溫和的生活形態驟然改變時，島上的生物就缺乏求生所必需的適應力。

麥爾（Ernst Mayr）談到一九一八年，在澳洲東邊豪勛爵島（Lord Howe Island）外海觸礁沉沒的一艘蒸汽輪船。這艘船沉沒後，船上老鼠一窩蜂全游上岸，在短短兩年的時間裡，幾乎造成當地鳥類絕種，根據當時島上一位居民記錄：「這個鳥類天堂已經成了荒漠，過去的鶯歌鳥囀，已由死亡寂靜所取代。」

曾布滿森林的美麗火山島因羊群踐踏而成一片「岩漠」

許久以前便有陸鳥移居至崔斯坦火山島，並在此有獨特的演化發展，但是這些鳥類幾乎要被外來的豬、鼠摧殘殆盡。大溪地島上土生土長的植物，也因為人類帶來的大量外來植物而逐漸消失。和全球各地相比，夏威夷群島上的本土動、植物消失速度最快，因此最能說明人類破壞自然平衡後所造成的後果。動、植物間以及植物與土壤之間的關係，有的是經過數百年才建立起來，一旦人類介入，大肆破壞這種平衡關係，便會造成一連串的連鎖反應。

加拿大船長溫哥華（Vancouver）將牛、羊等家畜帶到夏威夷群島，對當地的森林和其他植物造成極大破壞。凡是經由人類而傳播到海島上的植物，大多都會造成負面影響，例如根據報告顯示，多年前麥基（Makee）船長將一種名為紫莖澤蘭（pamakani）的植物帶到茂宜島（Maui），種在他美麗的花園裡。但是由於紫莖澤蘭的種子質量極輕，可藉由風力傳布，因此這種植物很快便從船長的花園向外擴散，破壞了茂宜島上的牧草地，甚至繼續擴散到其他島上。公民保育團的青年工作人員還曾經出動，幫忙清除入侵火奴琉里森林保護區（Honouliuli Forest Reserve）裡的紫莖澤蘭，但是不管他們怎麼清，仍然會有種子不斷隨風飄來這裡。馬纓丹是人類帶到夏威夷群島的另一種觀賞植物，如今島上幾千公頃的土地上都是這種多刺植物，四處恣意生長，儘管當局花下大筆經費從外地進口對馬纓丹有害的昆蟲，仍無法控制這種植物蔓延。

過去夏威夷曾有個組織專門進口外地鳥類，而今如果登上這些島嶼，眼裡所見的並非當年迎接庫克（Cook）船長的當地鳥類，而是來自印度的八哥、美國或巴西的紅雀、亞洲的鴿子、澳洲的織布鳥、歐洲的雲雀和日本的山雀。島上原生的鳥類大多已經絕跡，只有到最偏僻的丘陵地努力搜尋，才可能找到這些鳥類的遺族。

有些島嶼生物還在島上勉強生存，例如全世界只有在雷仙島上才見得到賴桑鳧（Laysan teal），而即使在這座小島上，也只有淡水滲流的一端，才有這種鳥類的蹤影，總數量可能不超過五十隻。如果賴桑鳧所生活的這一小塊溼地遭到破壞，或是有其他不利於這種鳥類的生物進入這裡，都可能輕易剪斷賴桑鳧勉力維持的命脈。

人類常隨意將外地生物帶至海島上，破壞島上的自然平衡，完全不了解這種舉動可能造成一連串的嚴重後果，不過至少到了現代，我們或許能從歷史中學到教訓。大約在一五一三年，葡萄牙人將山羊帶到新發現的聖赫勒拿島上，這座島上原本有壯麗的膠樹、烏木和巴西蘇木森林，但是到了一五六〇年左右，山羊已大量繁殖，成千上萬隻羊四處漫步，羊群綿延達一公里半，在島上踐踏幼木，嚼食樹苗。而在這個時候，拓殖者也早已開始砍伐焚燒森林樹木，因此我們很難判斷到底是人類還是山羊對森林的破壞較大。不過最後的結果倒是十分明確；至一八〇〇年代初期，島上森林已經消失，根據自然學家華萊士（Alfred Wallace）後來所做的描述，這座曾經佈滿森林的美麗火山島嶼，已經成為一片「岩漠」，只有在島上無人能至的最高峰和火山口邊緣，還有碩果僅存的原生植物群。

逝去的美麗難尋
聲音如叮鈴的秧雞慘遭老鼠屠殺

天文學家哈里（Halley）在一七〇〇年左右登上大西洋海島，在南千里達島岸邊放生了幾隻山羊。這一次雖然沒有人類助紂為虐，不過森林仍然迅速地消失了，且不到一個世紀就幾乎消失殆盡。如今，千里達島的山坡上已是一片鬼影森林，滿是枯樹的斷枝腐木，再加上沒有樹根來做水土保持，因此山坡鬆軟的火山土壤也逐漸流失，被風雨沖刷至海裡。

在所有太平洋島嶼中，雷仙島很值得我們深入研究，這個蕞爾小島位在夏威夷島鏈的最前端，過去島上檀香木與扇葉棕櫚樹森林密佈，還有五種陸鳥生活其間，都是雷仙島特有的種類。其中一種便是雷仙島秧雞，這種美麗、似精靈一般的生物高度不到十五公分，雙翼似乎太小，也從未發揮過翅膀的功用，而雙足又似乎太大，叫聲聽起來像是遠方傳來的叮鈴聲。大約在一八八七年，有一艘船造訪雷仙島，而後船長將幾隻秧雞帶到這座島西方四百八十公里處的中途島（Midway）上，以開闢第二個秧雞聚居地。這似乎是個明智之舉，因為不久之後，兔子便登上了雷仙島，不到二十五年，這些兔子就啃光了小島上的植物，雷仙島成了光禿禿的沙漠，而這些兔子也幾乎因此滅絕。雷仙島上的這場變故，對秧雞而言是致命的浩劫，島上最後一隻秧雞大約是在一九二四年踏上死亡之路。

如果中途島沒有跟著遭殃，或許之後我們還能藉由中途島的秧雞群落，恢復雷仙島的秧雞聚居地。在太平洋戰爭期間，鼠患隨著船艦和登陸艇蔓延至各個小島。一九四三年，老鼠入侵中途島，成年秧雞慘遭鼠輩屠殺，老鼠不但吃光尚未孵化的蛋，還殺光雛鳥，一九四四年之後，全球再也見不到雷仙島秧雞的蹤影。

海島生物經過長久的演化，發展出自己的特點，沒有其他生物足以取代，也因此面臨了滅絕之災。在理想的情況中，人類應該將這些島嶼視為寶貴的財富，是珍藏許多美麗、奇妙生物的自然博物館，這些館藏都是全世界獨一無二的無價之寶。或許哈德森（W. H. Hudson）在哀悼阿根廷大草原的鳥類時所說的話，更是在悼念這些海島：「逝去的美麗難復尋。」

窺視古海洋

直到低緩海面上升、陸峭崖壁崩毀，
直到大海吞沒臺地、草原。
——英國詩人史雲朋（Swinburne）

在我們所生活的時代中，海面高度正節節上升。根據海岸與測量調查局（Coast and Geodetic Survey）的測潮儀顯示，全美各地海岸的海平面自一九三〇年後便明顯持續升高。自一九三〇至一九四八年間，在麻薩諸塞州到佛羅里達州之間長達一千六百公里的海岸邊，以及墨西哥灣沿岸，海平面已升高大約十公分。而太平洋沿岸的海水高度也不斷上升，只不過速度較為緩慢。在測潮儀所做的記錄中，並未包括海風或風暴所引起的短暫海水漲、退，因此足以顯示海水正逐漸進犯陸地。

這些足以證明海面目前正在上升的記錄，不但相當值得注意，且更能振奮人心。因為在人類短暫的一生之中，我們很難實際地觀測到地球宏大的律動，而海面上升正是這些律動的其中一種。我們所觀察到的現象並非空前奇景，在漫長的地質年代中，海水已曾經多次淹沒北美地區，而後又消退至海盆中。海、陸之間的界線是地球上最短暫且無常的特徵，而海洋一次又一次地進犯大陸，就如同潮汐一般有起有落，時而湧起滔滔大水吞沒半個大陸，而後又不情不願地消退回到海盆，始終以一種神秘且極其從容的韻律漲退。

如今海洋又再次滿溢，海水正逐漸漫出海盆邊緣，湧入環繞大陸的淺海地區，如巴倫支海、白令海和中國海域。此外在全球各地亦可見海水入侵大陸，湧入內陸海域，如哈德遜灣、聖勞倫斯灣、波羅的海（Baltic）以及巽他海。而在美國大西洋沿岸，如哈德遜河以及薩斯奎哈納河（Susquehanna）等大河河口，也被上漲的海水淹沒，許多舊時的河道，如今都隱沒在切薩皮克和德拉瓦（Delaware）等海灣裡。

海洋入侵非洲沉積沙岩成為撒哈拉沙漠細沙來源

根據測潮儀的記錄，海平面顯然正在上升，而這可能是長久以來海水逐漸上漲的過程之一，整個過程早在數千年以前就已經展開，甚至可能始於最後一次冰河時期結束之際，也就是冰河開始融化之時。但一直到近幾十年，人類才發明了儀器測量全球各地的海面高度變化。即使到現在，全世界的測潮儀數量仍十分有限，也只有少數地區設有這種儀器。由於測潮記錄有限，因此我們無法確定自一九三〇年起在美國所觀察到的海平面上升情形，是否也出現在其他大陸沿海。

海面要到何時、自何地開始停止目前的漲勢，讓海水慢慢退回海盆，至今仍是不得而知。如果北美大陸沿岸的海平面高度上升達三十公尺（以目前凍結於陸冰中的水量來看，要促成海平面上升三十公尺，根本是綽綽有餘），那麼大西洋沿海大多數地區，包括許多城鎮，都會遭到海水吞噬，海浪會直接拍擊在阿帕拉契山的山麓丘陵，墨西哥灣沿海平原會完全被海水淹沒，而密西西比河谷低地也會沒入海中。

而如果海平面高度上升幅度高達一千八百零二公尺，北美大陸東半部的多數地區都會沒入海中。阿帕拉契山將會成為海上島鏈，墨西哥灣會向北延伸，而大西洋海水也會從聖勞倫斯河河谷灌入五大湖區，造成滾滾洪流到處肆虐，最後墨西哥灣海水與五大湖區的洪水會在北美中部地區交會。而北極海與哈德遜灣也會氾濫成災，淹沒加拿大北部的多數地區。

對人類而言，以上描述的情景已經十分驚人可怕，但事實上，北美與其他大陸大多都曾經歷過比前述更嚴重的海水倒灌情形。地球史上最嚴重的一次海水倒灌，應該是發生在白堊紀時期，也就是大約一億年以前。當時海水從東、南、北三方進犯北美大陸，最後形成廣大的內陸海，北起北極海南至墨西哥灣，共約一千六百公里，而後海水又向東漫延，吞沒了從墨西哥灣至紐澤西州的沿海平原。

在白堊紀洪水肆虐最嚴重的時期，整個北美地區大約有一半都沒入海中。全球海平面盡皆升高，英國多數島嶼均淹沒於海平面以下，只剩零星的古岩脈露出海面；南歐只有古老的岩質高地突出於海面，甚至連中歐高地也都遭到海洋進犯，而形成了許多深長的海灣。除此之外，海洋也入侵非洲大陸，在陸面上沉積了許多沙岩，這些沙岩後來經過風化，成為撒哈拉沙漠的細沙來源。海水淹沒瑞典之後，所形成的內陸海向俄羅斯漫延，與裡海（Caspian Sea）相接之後，一直延伸至喜瑪拉雅山脈。印度、澳洲、日本和西伯利亞均有部分遭海水吞噬。而在南美大陸，現今安地斯山脈所在之處在當時也覆沒於海水之下。

海水一次又一次進犯大陸，雖然規模和細節或許有所不同，但整個過程卻不曾間斷。在奧陶紀時期，也就是大約四億年前，古老海洋曾淹沒大半個北美大陸，海面上只剩下幾個大島，依稀描繪出大陸邊界，此外在內陸海中也只有一些零星散佈的小島。至於在泥盆紀與志留紀，海洋進犯大陸的規模也不亞於奧陶紀時期，不過各時期的海洋進犯情形或多或少都有些差異，但是我們可確定的一點是，全球各大陸都曾淹沒於這些淺海之下。

我在大沼澤地深處時
一直覺得自己彷若置身於大海中

其實我們根本不需要四處找尋海洋的蹤跡，因為在全球各地都有古老海洋所留下來的痕跡。即使我們處於距離海洋一千六百公里遠的內陸地區，也可以輕易地發現許多證據，讓我們能夠想像遠古海洋波瀾壯闊、濤聲隆隆的情景。因此我在賓州山頂，曾經坐在被雨水刷白的石灰岩上，這些岩石都是由古代海洋中無數微小生物的外殼所組成。過去海洋曾經延伸至這些區域，而海中的微小生物便在這片海域中生活、死亡，牠們的石灰質殘骸也沉積在這裡。在經過許久之後，這些殘骸因為被壓縮而成為岩石，海水也逐漸地消退，又過了許久的時間，這些岩石因地殼變動而隆起，便成了如今這座綿長山脈的主幹。

我在佛羅里達州的大沼澤地（Everglades）深處時，一直感到納悶，總覺得自己彷若置身於大海之中，後來才恍然大悟，原來我身處的地方，和海洋一樣的平坦、遼闊無邊，頭頂上也同樣罩著藍天和瞬息間變化萬千的雲朵。我也發覺，自己腳下所踩的這片岩床，在不久之前還是一片溫暖的淺海，海中的珊瑚礁努力建設，在原本毫無起伏的平地上，堆積了一塊塊粗糙不規則的珊瑚岩，整個地勢因而變得崎嶇不平。如今這些珊瑚岩石上方是一層淺淺的水澤與青草，但整個地方仍然給人一種奇妙的感覺，彷彿陸地只有薄薄一層，下方其實是一片汪洋，而且海水可能隨時都會再度漫上陸地，讓這裡成為水鄉澤國。

我們在陸地各處都能感受到過去海洋的存在。在喜瑪拉雅山上，可見到外露的石灰石，這些岩石原本位於海底，如今卻位在海拔六千公尺的高處。根據這些岩石可知，當初覆蓋南歐與北非的溫暖清澈海洋，也延伸到了西南亞。這大約是五千萬年前的事，當時海中群聚了許多名為貨幣蟲的大型原生動物，這些動物死後，屍骸慢慢沉積，形成了厚厚一層貨幣蟲石灰岩。許久之後，古埃及人採集這種石灰岩，以大塊的雕琢人面獅身像，其他的則當成修築金字塔的建材。

濤濤洪水傾瀉而下 沖蝕岩層形成尼加拉瓜大瀑布

正如前文所提，在白堊紀時期海洋曾進犯大陸，當時許多白堊物質沉積於海底，如今多佛港（Dover）著名的白色斷崖便是由這些沉積物所形成。這層白堊沉積層的分佈範圍，從愛爾蘭延伸至丹麥、德國，在南俄羅斯所形成的白堊岩床最厚，這層白堊沉積層中包含了孔蟲類這種海中微小生物的外殼，這些外殼聚合成紋理細緻的碳酸鈣沉積岩。相較於廣佈在一般海底的孔蟲類生物沉積軟泥，這種白堊物質似乎是較淺海域的沉積物，但由於這種沉積物的質地十分精純，因此可以想見，當時這片海域四周的陸地必定都是低矮沙漠，所以才沒有大量物質進入海中。石英細沙是白堊沉積物中的常見成份，這種細沙會隨風飄送，因此印證了這項論點，除了石英沙之外，白堊沉積層中有時還包含了燧石結核。石器時代的人類會挖取這些燧石做為武器和工具，也利用這種白堊紀時期的海洋沉積物來點火。

地球上許多自然奇景形成，全要歸功於當初海洋曾淹沒陸地，在這些地方形成沉積層後，又消退回海盆中。以美國肯塔基州（Kentucky）的長毛象洞穴（Mammoth Cave）為例，穿過長達數公里的地底通道後，會來到挑高七十六公尺的穴室，這些洞穴與通道之所以形成，是由於古生代海洋沉積了深厚的石灰岩層，而後又經地下水溶蝕，才出現這種奇特地形。

同樣地，要了解尼加拉瓜大瀑布的生成由來，也必須追溯到志留紀時期，當時北極海向南延伸至陸地形成巨灣，由於四周的陸地均十分低矮，幾乎沒有沉積物或泥沙流入這片內陸海中，所以海水極為清澈。這片海灣沉積了大片堅硬岩床，也就是白雲石岩層，經過長久時間，這些岩層在現今的美、加交界處附近，形成了大片陡峭懸崖。數百萬年後，冰河融化釋出滔滔洪水，沿著懸崖傾瀉而下，沖蝕白雲石岩層下方質地較軟的頁岩層，這些岩石受侵蝕之後，大量崩毀，於是尼加拉瓜大瀑布和峽谷就此成形。

大陸物質不停流失
地面升高如卸下貨物的船隻

自遠古時代起，大洋中央海盆便蓄積了大量海水，深度遠非內陸海所能及，不過儘管如此，有些內陸海仍十分遼闊，在海洋世界中也佔有一席之地。有的內陸海深達一百八十公尺，大約與大陸棚外緣的深度相當。目前人類尚不了解這些陸海的洋流模式，不過想必這些洋流必定常將熱帶地區的暖意，帶至遠在北邊的陸地。舉例來說，在白堊紀時期，麵包樹、肉桂、月桂和無花果樹等植物便已出現於格陵蘭島。而在海水淹沒大陸，只剩群島矗立於海面時，大概很少有地方能繼續維持冷、熱極端的大陸型氣候，當時全球必定以溫和的海洋型氣候為主。

地質學家表示，地球史上較主要的時期，都包含了三大階段：在第一階段，大陸地勢必定十分高聳，侵蝕風化作用頻繁，海水主要都侷限在海盆之中。到了第二階段，大陸地勢低矮，海水大舉入侵陸地。最後到第三階段，大陸又再度隆起。已故地質學家舒克特（Charles Schuchert）終其一生致力於描繪古代海洋與陸地的輪廓，他表示：「我們現在所處的時代，是另一個新循環的開端，大陸宏偉高聳，景色壯觀，海洋則展開另一波入侵北美大陸的行動。」

長期蓄積於深海海盆中的海水，為什麼會滿溢而出，漫延至大陸？或許形成這種現象的原因不止一個，而是有多項因素交互影響。

海、陸間關係的變化與地殼變動有著密不可分的關聯。地殼是地球的最外層，由極具可塑性的物質所組成，因此會隆起或下沉，而這就是我們所稱的地殼變動，會同時影響陸地和海底，在大陸邊緣地區最為明顯。地殼活動可能發生在海洋一側或甚至兩側海濱，以及大陸某處海岸或甚至所有沿岸地區，以緩慢的步調，神秘的方式，不斷循環重複，單是其中一個階段，可能便需耗時數百萬年才能完成。大陸板塊每一次下沉時，都會造成海水慢慢進犯陸地，而每一次地殼隆起，海水又會跟著消退。

不過地殼變動並不是造成海洋進犯陸地的唯一原因，尚有其他許多重要因素牽扯其中，例如，陸地物質進入海中，沉積於海底，也會導致海水滿溢，這當然也是其中一項原因。河流沖刷入海的每一粒沙、每一塊土，都會沉積在海底，造成同份量的海水向外溢流。自地質年代展開後，陸塊便不斷崩解，碎屑等物質也不停被沖刷入海，因此我們可能認為，海平面會不斷上升，但實際情形並非如此單純。大陸物質不停流失，地面高度便不斷升高，就像是卸了部分貨物的船隻一樣，而這些陸地物質流入海中後，全都沉積在海底，便導致海床下陷。以上種種因素都會造成海平面上升，但各因素之間的關聯與影響十分複雜，因此我們無法輕易確定或預測是哪些因素在發揮作用。

島上堅硬的花崗岩
被滔滔白浪切穿成一條海蝕通道

而後大型海底火山生成，在海床上形成大量熔岩火山錐，根據某些地質學家表示，這些火山可能對海平面的變化影響極大。某些海底火山的體積十分龐大驚人，百慕達算是其中較小的火山，但這座島水面下的體積仍達十萬立方公里左右。夏威夷火山群島在太平洋上綿延近三千二百公里，其中還包含了數座大島，所有島嶼造成滿溢的總水量想必十分驚人。夏威夷群島形成於白堊紀時期，而當時正好也發生了史上最嚴重的海水進犯大陸事件，或許這兩樁事件同時發生並非純屬巧合。

過去數百萬年間，冰河成為影響海洋侵陸的主要因素，在這種情形下，其他因素的影響便相對降低。在更新世時期，大片冰原曾數度覆蓋地表各處，而後又逐漸消退，冰帽曾四度於陸地上成形，並逐漸擴張，向南延伸至山谷平原，但之後又漸漸融化，撤離陸地。我們現在正處於第四次融冰時期的最後階段，更新世最後一次冰河時期所形成的冰層，如今約剩一半，也就是格陵蘭島與南極冰帽，以及散佈於某些山脈中的冰河。

每逢冰層變厚，年復一年累積著永凍不化的寒冬冰雪逐漸擴張時，海平面就會跟著逐漸降低。凡是落在地表的水份，無論是雨或雪，都是直接或間接來自於大海。一般而言，海平面只是暫時降低，因為雨水和融冰雪水最後都會匯集，再度回到海中。但在冰河時期，即使盛夏時分，氣候仍維持酷寒，冬雪不會完全融化，而是一直存在，直至來年冬季遭新雪覆蓋。於是冰河從海中取得水份，逐漸擴張，而海平面則相對慢慢下降，每一次冰河時期極盛時，全球海洋的海平面也降至最低點。

即便到了現代，如果你找對地方，仍可發現一些證據，顯示舊時海平面的高度。雖然當初海面大幅降低所留下的高度痕跡，如今早已淹沒在深海之中，只能藉由水中探測間接發現。但過去海平面也曾高於現今海面，我們如今同樣能找到當時所遺留的海面痕跡。以薩摩亞島（Samoa）為例，在比現今海平面高五公尺的崖壁腳下，可以看到受海浪侵蝕而成的石凳。而在太平洋其他島嶼、南大西洋的聖赫勒拿島、印度洋島嶼、西印度群島以及好望角附近，也都能找到類似的證據。

在如今海浪沖擊侵蝕不到的崖壁高處，仍然可見到受海浪切割形成的海蝕洞，這些地形便足以說明海、陸之間關係的變化，全球各地均可發現這種海蝕洞。在挪威西岸，有一條由海浪沖蝕而成的驚人通道；這條通道位在挪威的陀加騰島（Torghattan），島上堅硬的花崗岩層，在兩個冰河時期間冰融海水高漲時，被滔滔白浪切出一條通道，長約一百六十公尺，總計大約有十五萬立方公尺的岩石遭海水侵蝕消失。如今這條通道位於海平面上方一百二十公尺，其中部分原因出在地殼具有彈性，因此在冰層融化後會向上反彈。

而在整個陸、海變化循環的另一階段，海平面愈降愈低，冰河愈來愈厚，全球海岸線也跟著全面大幅改變。每一條河都受到海面降低所影響，河水流速加劇，狂奔入海，河川的下蝕與側蝕作用也跟著加劇。由於海岸線後退，河道也跟著加長，河水流過逐漸乾涸的沙地和泥地，而就在不久前，這些地方都還是海底斜坡。河水加上來自冰河的融冰雪水，形成滾滾洪流，夾帶大量鬆動的土石泥沙傾瀉入海。

人類遇到冰河時期來臨時都曾徒步走過白令海峽

在更新世時期海平面曾大幅下降，甚至不只發生一次，北海海水曾因此而乾涸，海床裸露成為乾燥陸地。北歐以及英國列島的河流追著下降的海平面，河道延長，河水依然流入海中。最後，萊茵河（Rhine）佔據了泰晤士河（Thames）流域，易北河（Elbe）與威瑟河（Weser）相接，成為一條大河，塞納河（Seine）流經如今的英吉利海峽，在大陸棚上刻蝕出凹槽，這或許就是我們如今在地極（Lands End）外海所探測到的海底溝渠。

在更新世雖有多次冰河作用，但最大的一次卻發生得較晚，距今僅約二十萬年，當時人類早已出現於地球上。海平面大幅降低，想必對舊石器時代的人類生活造成極大影響。人類在許多地質年代中，遇到冰河時期來臨時，都曾徒步走過白令海峽，當時由於海水量減少，海面降至這個淺海暗礁以下，因此白令海峽便成為陸地，發揮陸橋功用，而除了白令海峽外，地表還有其他陸橋，全都是基於相同原因而形成。在印度洋沿岸，海平面逐漸下降後，綿延的海底沙洲成為淺灘，最後浮出海面，原始人便走過「亞當之橋」（Adam's Bridge），來到錫蘭島。

遠古時代的人類聚落，想必大多都位於沿海地區或鄰近大河三角洲，他們的文明遺跡可能保留在洞穴裡，但此後由於海面再度上升，因此這些洞穴也從此深藏於海中。目前我們對舊石器時代的人類只是略知一二，但是若在海中沿著舊時海岸線搜尋，或許能找到更多文物，增進我們的知識。有位考古學家便提出建議，認為科學家應「利用潛艇並打著強光」，或甚至駕著船底為透明玻璃的船隻，點著電燈，在亞得里亞海（Adriatic Sea）淺海區域搜索，希望能發現貝塚，也就是早期居住在此處的原始人所遺留下的廚餘。戴里（R. A. Daly）教授便曾在《冰河時期變動的世界》一書中指出：

最後一次冰河時期便是法國史上所記載的馴鹿時期（Reindeer Age）；當時的人類居住在法國著名的洞穴中，俯瞰著河床水道，獵捕馴鹿，這些馴鹿都生活在冰層邊緣以南法國的寒凍平原上。到了冰河時期後期，河川下游流量增加，全球海平面上升，地勢最低的洞穴可能已有一部分或甚至全然沒入水中……因此現今我們應搜索這些地方，以期找到更多舊石器時代人類的遺跡。

生活於印度洋海濱的原始人在曾是海底的地方恣意走動

生活於石器時代的原始人，有些必定十分瞭解在冰河附近生活的艱苦。雖然人類和動、植物會在冰河時期來臨前向南遷徙，但必定有些生物仍生活於厚冰層附近，可以親眼見識、親耳聽聞冰河時期的來臨。在這些生物所生活的世界裡，暴風雪漫天塞地而來，地平線上只見一座座森冷冰山矗立，高聳直達灰雲密布的天際，刺骨寒風從山上呼嘯而下，冰山上滿是冰河，夾帶陣陣喧囂巨響，向山下延伸，大量寒冰不斷向前推進至海邊，接著轟然一聲斷裂，墜入海中。

而在距離這裡半個地球遠的地方，卻有些原始人生活在豔陽高照的印度洋海濱，這些地方過去曾是海底，但由於海水大幅減少，因此便露出水面，而這些原始人因而能在這片乾燥的地面上恣意行走、隨處捕獵。他們對於遠方的冰河一無所知，也完全不知道自己所行走、狩獵的地方，是因為大量海水轉變為遠方的冰層、霜雪，才由海底裸露而出成了陸地。

我們在想像冰河時期全球的情景時，一定會苦苦思量一個重要的問題，就是在冰河作用最盛之時，有難以計量的大量海水凍結於冰層中，這時候海平面到底降到多低？是只略降了六十到九十公尺，規模相當於地質史上陸緣淺海的多次漲、退情況？還是大幅下降了六百甚至九百公尺？

無論是哪一種說法，都有一位以上的地質學家表示贊成，認為這就是當時的實際情形。在學界出現這種眾說紛云的情況，或許並不讓人感到意外。就在距今僅約一世紀以前，艾格西（Louis Agassiz）率先發表有關冰山的理論，提出冰山移動說，並指出冰山在更新世對全球環境的影響。自那時起，全球各地都有人耐心蒐集相關證據，重建當時冰河連續四次進退的情形。一直到近代，以戴里等想法大膽的學者為首的科學家群才瞭解，冰層每一次增厚，海平面都會相對降低，而每一次冰層融化，冰河後退，都會釋出大量水份回到海中，海平面也會因此升高。

多數地質學家對於這種「海水交替取、還說」都持保守觀點，認為海平面下降幅度，最多不超過一百二十公尺，甚至可能僅達六十公尺而已。但也有人主張海面下降幅度遠甚於此，而他們的立論依據主要在於海底峽谷，也就是大陸坡上的深谷。較深的海底峽谷位於深海地區，距現今海平面一公里以上，這些地質學家堅稱，這些峽谷至少上半部是由河川切割而成，因此他們主張在更新世冰河時期，海平面必定降至極低點，才能讓河川刻蝕出這些峽谷地形。

人類必須更深入探索神秘大洋，才可能解開謎團，了解當初海水消退至海盆時，海平面最低曾降至何處。驚人發現似乎已是指日可待，如今海洋學家與地質學家均擁有比過去更精良的儀器，可探測深海地區，採集岩石和深層沉積層樣本，加以解讀，並對過去歷史中的模糊之處，有更清楚的了解。

此外，海洋大幅起落持續的時間，並非以數小時計，而是以數千年來計數，規模之大已非人類所能察覺或理解。若想發現造成海洋如此起落的真正主因，可能必須深入地球灼熱的地心深處，或甚至到黑暗的外太空，才能一窺端倪。

風浪咆哮

輕風拂過閃耀的海面。
——十九世紀詩人史雲朋（Swinburne）

波浪湧向英格蘭西端的地極（Lands End），捎來大西洋遠方的氣息，越過陡峭的深海海床朝岸邊推進，海水由黑藍色轉為深深淺淺的綠色。接著波浪通過「測深繩」的探測領域邊界，化為細浪和湍流湧上大陸棚，而後繼續掃過淺海湧向陸地，拍擊在夕利群島（Scilly Isles）與地極之間的七石（Seven Stones）上，然後破碎，飛濺在水中暗礁和岩石上方，這些礁石在水位低時露出水面，在陽光下閃耀。海浪接近地極的岩岸時，會經過海床上某個怪異的儀器，這個儀器能感測海流升降時不斷變動的壓力，藉此了解大西洋遠方（也就是波浪來處）的許多資訊，並將這些資訊轉譯為人類所能了解的符號。

假使你造訪此地，跟當地負責觀測工作的氣象學者聊天，他能告訴你海浪曾經通過哪些地方，浪潮無時無刻湧入，傳遞遠方的訊息。他可以說明這些波浪是在風的作用下，由何處生成、當時風力多強、暴風雨移動的速度有多快，還有什麼時候必須對英格蘭沿海發布暴風警報。他會告訴你，湧過地極記錄器的海浪大多生成於多風暴的北大西洋，也就是紐芬蘭以東、格陵蘭島以南的地方。有些浪成形於大西洋另一邊的熱帶風暴，而後通過西印度群島，沿著佛羅里達海岸移動。有些浪則來自地球的最南端，從合恩角繞地球一大圈而來到地極，旅程長達九千六百公里。

風暴可能在偏遠地區成形而後突然襲擊島嶼或海岸

加州沿海的波浪記錄器曾偵測到來自極遠處的湧浪，這是因為在夏天，加州沿岸會有部分海浪來自南半球的西風帶。康瓦耳和加州的記錄器，還有美洲東岸的一些記錄裝置，都是自二次大戰結束後使用至今。這些實驗有幾個目的，其中之一就是要發展新型的氣象預報系統。北大西洋沿岸國家其實並不需要從波浪搜集氣象資訊，因為這些國家已建立許多氣象台，且都設置在重要地點。現在設有波浪記錄器的區域就好像測試實驗室一樣，目的是在於開發氣象預報方法。不久後，世界各地也會設置波浪記錄器，在這些地方，唯有利用波浪才能取得氣象資料。

尤其在南半球，許多拍打海岸的波浪都是來自人跡罕至，或從未有人造訪的海域，這些海域少有船隻經過，遠離一般的飛機航線。風暴可能在這些偏遠地區成形，卻沒有人注意到，而後突然襲擊海中島嶼或毫無遮蔽的海岸。在過去數百萬年的時間裡，海浪一直先於風暴抵達岸邊，不斷發出警告，但人類卻到最近才開始研究海浪的語言。或者說至少直到現在，我們才懂得從科學的角度來了解海浪傳遞的訊息。現代人在波浪研究方面的成就其實根據民俗而發展。對太平洋島嶼世世代代的原住民而言，某種湧浪出現代表颱風即將來襲。而在幾百年前，愛爾蘭沿海偏遠地區的農夫只要看到長湧浪衝擊海岸，預示風暴即將來襲，就會直打哆嗦，沸沸揚揚地談論著死亡巨浪的消息。

如今海浪的研究已有所成，從各方面來看，我們都可以證明，現代人正實際運用海浪研究的成果。在紐澤西州長枝區（Long Branch）釣魚碼頭（Fishing Pier）外的海床上，一根長達四百公尺的導管尾端，有個波浪記錄器默默地不斷記錄著，來自廣闊大西洋的波浪相關資訊，而後利用導管傳送電脈衝，把每個浪的高度及波長等資料傳到岸上的基地，自動做成圖表。接著美國工程師團海岸侵蝕局（Beach Erosion Board of the Army Corps of Engineers）會仔細研究這些記錄，這個機構正密切注意紐澤西州海岸的侵蝕速率。

高空飛機最近在非洲沿海，照了許多張海浪和沿岸區域的相片。受過訓練的人可以從這些照片判斷浪湧向海岸的速度，然後應用數學方程式，依海浪進入淺水區的模式來計算水深。這些資訊對英國政府來說十分有用，他們可以藉此了解大英帝國勢力範圍內某些難以實地測量的沿海深度，這些地方如果以一般的水深探測法來測量，不但所費不貲，還可能遭遇無數困難。這個實用的辦法跟許多關於海浪的新知識一樣，都是因應戰時需要而生。

在二次大戰期間，預測海象（特別是浪高）成了侵略行動的標準前置作業，入侵歐洲和非洲的開闊海岸時，尤其需要這方面的準備。不過剛開始要將理論運用在實際情況上有很大的問題，科學家很難解釋浪高預測值或海面波濤洶湧的情形，會如何實際影響到船艦之間或船艦至海灘的人員物資調動。正如某位海軍軍官所說，初期為實際軍事目的進行海洋研究，可以說是「最可怕的經驗」，因為當時「對於海洋的基本性質幾乎一無所知」。

遠洋波浪不規則移動 相互摻雜、追趕或吞沒彼此

自陸地形成，我們稱之為風的流動空氣就在地面上來回吹拂。而自海洋形成，海水就因為風的來去而波動，大多數波浪都是因風吹過水面而形成。至於海嘯等例外情況，有時則是海底發生地震所引起，但是多數人最熟悉的還是風浪。

遠洋波浪的移動方式並不規則，無數種波浪混合在一起，相互摻雜、追趕、超越或偶爾吞沒彼此。每一個波組無論就生成處、生成方式、移動速度或移動方向而言，都與其他波組不同，有些波浪注定到不了海岸，有些則會在越過大半個海域後，在隆隆雷聲中碎裂於遠方的沙灘上。

儘管波浪的移動模式極為混亂，似乎不可能找出其中的規律，但多年來，許多專家學者仍持之以恆地研究，最後終於有了驚人的成果，在這一片混亂當中找出秩序。雖

然波浪仍有許多秘密有待人類探究，而要實際應用目前所知，以促進全人類的利益，也還有很長一段路要走，不過如今，我們已掌握了確切的事實，可以作為進一步研究的基礎，重現波浪移動的軌跡，推測波浪在環境改變時會產生何種變化，也能預測波浪可能對人類造成的影響。

在說明典型波浪從生成到破碎的一生經歷前，我們必須先熟悉波浪的一些物理特性。波浪有波高，也就是由波谷到波峰的距離，也有波長，也就是這個浪的波峰到下個浪的波峰之間的距離，而波週期則是指連續波峰通過某個固定點所需要的時間。這些特點都會改變，但是所有的變化都與風、水深和其他許多因素有一定的關聯。此外構成波浪的水不會隨著波浪越過海面，波形經過時，水粒子會依圓形或橢圓形的軌跡移動，而後幾乎回到原來的位置，不過也幸好如此，否則假如構成波浪的大量海水確實跟著浪在海面移動，那麼航行就成了不可能的任務。那些專門研究波浪的學者專家時常提到一個特殊的詞，那就是「風區長度」（length of fetch）。「風區」就是波浪在等向風吹拂下，毫無阻礙移動的距離。風區越大，浪就越高。真正的大浪不可能在海灣等侷限的空間內生成，必須要有大約九百六十至一千二百公里長的風區，風速到達大風的程度，海上才能掀起最大的風浪。

現在，假設大西洋在風平浪靜一段時間之後有個風暴形成，距離大家避暑的紐澤西海岸約有一千六百公里遠。風狂亂地吹著，伴隨著陣風偶起，風向雖然不斷改變，但大致上是朝著海岸的方向吹。洋面在風的吹拂之下，回應不斷改變的壓力，水平的表面產生皺折，波谷波峰交替出現。海浪朝海岸推進，由造浪的風主宰著這些浪的命運。狂風暴雨未見止息，浪潮持續向岸邊湧進，強風推波助瀾，產生更高的風浪。這些浪持續吸收風的巨大能量到某個程度，隨著所吸收的能量越多，波高就越高，但是當波浪由波谷到波峰的高度，約等同於連續波峰之間距離的七分之一，波形就會開始崩塌，出現泡沫狀的白浪。颶風常以純然的暴風破壞波浪頂端，在這類風暴中，最高的浪可能在風力開始減弱後才會出現。

波浪進入破浪區向上聳起 如為生命最後的演出蓄積力量

不過，回頭看看典型的波浪，在大西洋的中央因為風和水的作用而成形，吸取風的能量後波高增至最高，與其他波浪共同形成混亂且不規則的型態，構成了眾所皆知的「海洋」。隨著波浪逐漸離開暴風區以後，波高會逐漸地降低，連續波峰之間的距離也會增加，而後「海洋」變成「湧浪」，以平均大約二十四公里的時速前進。在接近海岸的地方，規律的長湧浪取代了遠洋的湍流。但在湧浪進入淺水區之後，會發生重大轉變。波浪自生成後首次感受到淺攤的摩擦力，於是波速減緩，後浪的波峰向前浪聚集，前浪波高突然增加，波形變得更為陡峭。接著波浪崩塌，海水急速翻滾落入波谷，碎裂成一堆泡沫。

當我們坐在沙灘上觀察時，至少可以依據所觀察到的事實，來推測眼前灑落沙灘的浪花，到底是誕生於近海的大風，還是遠方的風暴。新生的浪由於才剛剛在風的作用底下成形，所以波形顯得十分尖銳陡峭，在海面上高高隆起。你可以看到白浪波峰從遠方海平面朝陸地而來，些許白沫散落於波前，在波形前緣滾動翻騰，最後波浪徐徐崩潰形成碎波。但是如果波浪在進入破浪區時向上聳起，猶如為生命最後的演出蓄積力量，如果波峰沿著波形前緣形成之後開始向前捲，如果所有的水轟然一聲猛然投入波谷，那麼你就可以知道這些波浪來自海洋遙遠的另一方，歷經了漫長的旅程，最後才碎裂在你的腳邊。

一般說來，前文所描述關於大西洋海浪的一切，也就是世界各地風浪的情況。波浪在消失以前會經歷許多事情。波浪能存在多久、能旅行多遠、最後會以什麼樣的方式化為烏有，主要取決於波浪橫越海平面時所遭遇的狀況。由於移動是波浪的特性，任何妨礙或阻擋波浪前進的事物，都會使得波浪破碎消失。

風浪湧入和潮水相會
就如同兩隻野獸正面相對

海洋本身的力量對波浪的影響最大。潮波的路徑若是與波浪的相交，或兩者前進方向完全相反，就會引發最惡劣的海象。這就是蘇格蘭著名的「急潮流」（roosts）的成因，比如謝德蘭群島（Shetland Islands）最南端的桑柏角（Sumburgh Head）沿岸就有這種潮流。急潮流在東北風吹拂的時候不會出現，然而風浪若是由其他方向湧入，就會和正在漲潮或退潮的潮波相會，結果就好像兩頭野獸正面對上。海浪與潮水的戰鬥大概會橫跨約五公里寬的海域，在潮汐流力量最強的時候進行，戰場先是在桑柏角沿海，而後會逐漸轉往海中央，戰況唯有在潮水暫時減退時才會平息。

《英國島嶼指南》（British Islands Pilot）曾經這樣描述：「在這片海象混亂、浪潮翻滾洶湧的海域上，船隻很容易完全失去控制，甚至翻覆，有時則是連續好幾天都顛簸不已。」在世上許多地方，在海上討生活的人會幫這類危險的海域取名，然後這些名字就這樣一代代傳下去。彭特蘭灣（Pentland Firth）介於奧克尼群島（Orkney Islands）和蘇格蘭北岸之間，在老祖宗的時代，這個海灣的兩岸分別有「當肯斯比激潮」（Bore of Duncansby）和「梅伊的快樂手下」（Merry Men of Mey）肆虐。一八七五年的《北海領航》（North Sea Pilot）曾提供與彭特蘭灣有關的航海指引，現代的《領航員》（Pilot）期刊逐字引述了其中給水手的警告：

> 在駛入彭特蘭灣以前，不管天氣再好，所有船隻都應該做好防風浪的準備，小船的艙門必須封緊，這是因為我們很難知道遠處的情況，而海洋從風平浪靜轉為波濤洶湧，可能只是一瞬間的事，到時就沒有做準備的時間了。

這兩股急潮流都是遠洋的湧浪碰到方向相反的潮汐流所引起。在彭特蘭灣的最東邊，漲潮時如果出現東向的湧浪，人們就會擔心「當肯斯比激潮」出現，而在最西邊，退潮的潮水遭遇往西的湧浪，就是「梅伊的快樂手下」設宴狂歡的時刻。所以根據《領航員》期刊的描述，「從沒經歷過的人無法想像海浪掀得有多高。」

潮浪之間戰況激烈、相互抗衡，所產生的激浪反而成為鄰近海岸的屏障。湯瑪士．史蒂文生（Thomas Stevenson）很久以前就觀察到，只要桑柏角沿海有急潮流在翻攪奔騰，海浪就極少拍打到岸上來，一旦潮水的力量用盡，無法壓抑波濤，洶湧的浪潮就會湧入，拍擊海岸，峭壁邊也會翻起巨浪。而在西大西洋，芬地灣（Bay of Fundy）灣口的潮汐流不但紊亂而且流速又快，波浪若是從西南到東南之間的任何一個方向接近，就會遭遇極為強大的反抗力量，因此在這片灣內形成的海浪，完全是受當地環境因素所影響，幾乎不受其他外界因素影響。

在外海，波浪遇到方向相反的風時，可能很快就會被摧毀，因為造浪的力量也可能毀掉已經生成的海浪。所以大西洋上的涼爽信風常撫平自冰島湧向非洲的湧浪。或是一陣助風突然生成，也就是風吹的方向跟浪移動的方向一樣，波浪的浪高因此增加，每分鐘增加數十公分。一旦浪群形成，風就會吹入浪與浪之間的波谷，迅速推高波峰。

狂濤會在雹暴中平息
大雨能使海面恢復綢般平滑

海灣口的暗礁、沙洲、泥洲或岩石，還有沿岸島嶼，都會在波浪湧向陸地的過程中產生影響。長湧浪由外海朝新英格蘭北方海岸的方向推進，抵達岸邊時力量通常已經減弱。這些浪的能量都是消耗在通過喬治沙洲（Georges Bank）時，喬治沙洲是個淹沒在水中的寬闊高地，最高峰的頂點接近耕耘者淺灘（Cultivator Shoals）上方的水面。由於受到這些海底丘陵及四周打旋交錯的潮汐流阻礙，使得長湧浪後繼無力。或如果有島嶼散佈在海灣內或接近灣口的地方，這些島嶼也會吸收波浪的能量，因而灣頭不會受波浪侵襲。甚至散落岸邊的礁岩也可能提供沿岸地區很大的保護，因為最高的浪會撞上這些礁岩然後破碎，永遠到不了岸邊。

冰、雪、雨都是波浪的敵人，配合適當的條件，可以平撫波濤或減緩波浪對海岸的衝擊。船隻若是處於一堆鬆散的碎冰當中，不管風如何狂哮、波浪在冰堆四周如何翻攪，船隻附近的浪絕對是平緩的。海中形成的冰晶會增加水粒子之間的摩擦力，因而緩和起伏的波浪。即使易碎的雪花結晶，也能發揮這種作用，只是影響力比較小。狂濤會在雹暴中平息，就連驟下傾盆大雨也常能使海平面恢復油綢般的平滑，在湧浪的行進路徑上造成漣漪。

古代的潛水夫在浪大工作不易時，會先在嘴裡含一口油，下水後再吐出來，他們運用的是現在每個船員都知道的原理，那就是：油似乎可平緩大海中的風浪。多數航海國家的官方航海指南內，都會附有海上危難時刻的用油說明。不過一旦波浪開始碎裂，油就發揮不了什麼作用了。

在南大洋，波浪不會因為打上沙灘而破碎，西風所製造出來的巨大湧浪會不斷繞著地球前進。這裡有世界上最長的浪，也有波峰邊寬最寬的浪。甚至有人認為，在這裡也可以找到全球最高的浪。不過目前沒有證據證明南大洋的波浪大過其他海洋的巨浪。許多報告以工程師和船長所提供的資訊為根據，提出不管在哪個海洋，波高超過七公尺的浪都十分少見。風暴所掀起的浪可能會高達十五公尺，而假如大風往同個方向吹得夠久，以致風區長達九百六十至一千二百公里遠，甚至可能產生更高的浪。風暴在海中到底能掀起多高的浪，許多人對此有不同的答案，多數教科書採用十八公尺的保守估計，船員水手則堅持實際上的浪高不僅如此，法國探險家杜維爾（Dumont d'Urville）描述他曾在好望角外遭遇三十公尺高的浪，但科學家大多對這些數字持懷疑的態度。不過有個巨浪的記錄由於測量方法的緣故，似乎為人所深信。

在一九三三年二月，美國籍船隻羅曼波號（Ramapo）在由馬尼拉前往聖地牙哥的途中，遭遇連續七天的風暴襲擊。當時從堪察加半島直到紐約，天氣都不穩定，整個風區綿延數千公里遠，羅曼波號所遇到的風暴，就是整個不穩定天氣系統的一部分。在風暴最烈的時候，羅曼波號一路順著風、乘著浪前進。二月六日，風的強度增至最強，海上刮起陣風和颮，風速高達六十八節，掀起的浪跟山一樣高。羅曼波號一位高級船員當天凌晨在艦橋上負責警戒時，在月光下看到船後有巨浪升起，浪高超越主桅瞭望臺上的鐵圈。羅曼波號船身維持平穩，船尾陷入波谷。在這種情況下，如果有人由艦橋裡望出，視線會正巧對準波峰，而後依照船體尺寸進行簡單的數學運算，就能得出海浪的高度。結果是三十四公尺。

波浪舉起八百公噸水泥塊擲向海岸
他不可置信地瞪大眼

波浪在外海造成許多船隻沉沒及人員傷亡，但其實海岸附近的波浪，破壞力才最強。無論風暴激起的海浪有多高，還是有充分的證據顯示，碎波以及轟然碎浪所反濺起的水，可能會吞沒燈塔、破壞建築物，甚至捲起石塊砸碎高於海面三十至九十公尺的燈塔窗戶，下文會舉出一些實例佐證。面對這種海浪的力量，碼頭、防波堤及其他岸邊建築就像玩具一樣易碎。

幾乎全球各個海岸都會定期受到風暴引起的巨浪所襲擊，但是有些海岸卻是終年波濤洶湧，從無寧靜之日。住在火地島（Tierra del Fuego）的布里斯爵士（Lord Bryce）激動地表示：「世界上沒有一個海岸比這裡更可怕！」據說當地在靜默的深夜裡，即使處於三十二公里外的內陸，還是能夠聽見海岸邊碎波的怒吼。達爾文在日記當中寫道：「見到這種海岸景象，足以使住在陸地上的人做一個禮拜的惡夢，每天只能夢見死亡、危險以及船難。」

另外也有人聲稱，美國太平洋沿岸由北加州到富加海峽（Straits of Juan de Fuca）一帶，其波濤洶湧的程度不會輸給全球其他地方。不過，就遭海浪侵襲的程度而言，似乎不可能有任何一個海岸比得上謝德蘭群島和奧克尼群島，颶風在穿過冰島與不列顛群島（British Isles）之間，向東方行進時，必定會經過這兩座群島。《英國島嶼指南》的內容通常十分乏味，卻曾以幾乎是康拉德式的散文文體，描述這類風暴的猛烈程度和給人的所有感覺：

> 每年總會刮起四、五次駭人的強風，在強風吹起時，海天的分界也跟著消失，近處的物體罩在水霧之中，似乎每樣事物都包裹在厚重的水汽裡。在視野遼闊的海

岸上，可見到海浪在一瞬間湧起，拍擊岩岸，捲起數十至數百公尺高的浪花，而後淹沒整個地區。

然而短暫的狂風不會引起如此狂猛的波濤，這種景象是此處常見的強風吹了許多天的結果。大西洋正盡全力衝撞奧克尼群島的海岸，捲起岸上數公噸重的岩塊，大浪狂哮的聲音在三十公里外的地方都清晰可聞。碎波激盪至十八公尺高，而北灘（North Shoal）雖位於可斯塔角（Costa Head）西北方十九公里處，但灘上濺起的碎波，連在斯凱爾（Skail）和柏賽（Birsay）的人都看得見。

湯瑪士．史蒂文生是知名作家羅伯特．路易斯．史蒂文生（Robert Louis）的父親，也是首位測量海浪力量的人。他研發出一種名為波力計的儀器，並運用這個儀器來研究拍打在家鄉蘇格蘭海岸上的波浪。他發現在冬季強風的吹襲下，波力可能大到每平方公尺三萬公斤的程度。

或許在一八七二年十二月，蘇格蘭沿海威克（Wick）地區的防波堤在風暴中會被毀，正是這種巨浪的傑作。威克防波堤靠海的那一端是由重量超過八百公噸的水泥塊所構成，有鐵條將水泥塊與底部的石塊緊緊固定在一起。在冬季狂風吹得最猛烈的時候，這位住在當地的工程師從防波堤上方的懸崖觀察海浪進襲的情況。在看到波浪捲起水泥塊拋向海岸時，他不可置信地瞪大了眼。風暴停息後，潛水夫下海調查殘骸，發現不僅水泥塊被整塊拔起，連和水泥塊綁在一起的底部石塊也不能倖免於難。被波浪扯落、舉起、整個移動的物質總重量高達一千三百五十公噸。後來，眾人才明瞭這個驚人的景象只不過是正式演出前的彩排而已，原因是五年後，重約二千六百公噸的新碼頭毀於另一場風暴之中。

波浪湧近鈴礁燈塔
撲向高三十五公尺的燈室金球

海洋反常而又怪異的行為無以數計，由燈塔管理員的記錄就可以一目了然，這些管理員鎮日守在偏遠鄰海峭壁或飽受風浪侵襲的陸岬上，自然對此最是清楚。在位於謝德蘭群島最北方的恩斯特（Unst），有座燈塔儘管距離海面六十公尺，門仍然被浪沖破。英吉利海峽主教石燈塔（Bishop Rock Light）的鐘雖然在高潮水位以上三十公尺處，但在冬季強風狂嘯時節，卻仍然被浪沖走。還有蘇格蘭沿海的鈴礁燈塔（Bell Rock Light），在十一月的某一天，遭到洶湧的觸底長浪侵襲，不過當天並沒有風。海浪突然之間湧升到接近燈塔的地方，撲向燈室頂上的金球，也就是距離下方岩石三十五公尺之處，甚至還沖毀了高於水面二十六公尺的燈塔階梯。

有些人會將某些事情和超自然力量扯上關係，例如發生在一八四〇年的艾迪斯通燈塔（Eddystone Light）事件。燈塔的正門跟往常一樣，用堅固的螺栓牢牢拴住。一晚，海上掀起驚濤駭浪，門竟然從內部被破壞，而所有的鐵螺栓和鉸鏈都鬆脫了。工程師解釋這是氣壓所造成，也就是大浪迅速消退所產生的後作用力，加上門外壓力猛然消失所導致的結果。

在美國大西洋沿岸，有個三十公尺高的塔樓豎立在麻薩諸塞州的米諾岩礁（Minot's Ledge）上，這個塔樓時常完全籠罩在碎波濺起的水花中，原本在這個岩礁上的燈，早在一八五一年就被沖走了。另外也常有人提起北加州海岸的千里達角燈塔（Trinidad Head Light）如何毀於十二月的風暴中。管理員在高於高潮水位六十公尺的燈室裡密切注意風暴的情況，他可以看到鄰近的領航員岩（Pilot Rock）一次又一次地遭到海水吞噬，百尺高的岩頂不斷受到浪的衝擊。而後一個前所未有的巨浪衝撞燈塔所在的峭壁。這個巨浪就像一道與燈室同高的堅實水牆，揚起滔天浪花蓋過整個燈塔，這股衝擊力量讓塔內的燈停止旋轉。

狂風暴雨在岩岸所激起的浪潮可能會挾帶石塊和碎石，因而破壞力更為驚人。在奧勒崗州沿岸，曾有重達六十公斤的岩石被浪捲到提拉姆克岩（Tillamook Rock）上燈塔管理員的住所上方，而住所的位置高於海面三十公尺。這塊岩石在掉落時把屋頂砸出了個六公尺大的洞。同一天，浪潮挾帶的碎石雨也砸破了燈室許多扇玻璃窗格，而這個燈室卻是位於海面上四十公尺處。在這類故事當中，最驚人的要算是鄧尼特角（Dunnet Head）燈塔所發生的事了，鄧尼特角燈塔座落在彭特蘭灣西南入口處九十公尺高的懸崖頂，窗戶常被海浪掃過懸崖所捲起的石頭所打破。

在不知道幾千年的時間裡，海浪不斷拍擊侵蝕世界各地的海岸，有時沖刷削蝕峭壁懸崖，有時帶走沙灘上大量的沙，但偶爾也會有相反的舉動，堆砌出沙洲或小島。有些緩慢的地質變化會造成半個大陸被水淹沒，而潮浪的作用則不同於此，能在人類短暫的生命中展現出成果，所以每個人都可以親眼目睹海浪如何雕塑大陸邊緣。

碎浪拍擊岩岸時發出低沉細語聲
一旦聽過就不會忘懷

鱈魚角（Cape Cod）的黏土高崖起於伊斯特漢（Eastham），而後向北延伸，最後隱沒在靠近尖丘（Peaked Hill）的沙丘裡。由於被浪沖蝕的速度極快，因此政府採購用以興建高地燈塔（Highland Light）的四百公畝地，有一半已經流失，據說這些懸崖以一年約一公尺的速率向後縮減。就地質上而言，鱈魚角是在最後一次冰河時期由冰河塑造而成，年代不算久遠，不過自形成至今，顯然已有三公里寬的地帶在波浪侵襲下消失。以目前的侵蝕速率來看，鱈魚角最外緣的部分注定會在約四千或五千年後被沖蝕殆盡。

海洋在侵蝕岩岸時，會先碾磨、雕鑿岩石，然後帶走岩石碎片，接著這些碎片就成了沖蝕懸崖的工具。隨著岩石下半部遭到沖刷破壞，一整大塊的岩體會落入海中，隨著浪潮翻滾而被磨成碎石，提供海洋更多的攻擊武器。這種碾磨岩石、製造碎石的作用在岩岸不斷進行著，只要側耳傾聽就能聽見。碎浪在拍擊岩岸時所產生的聲音，與拍擊沙岸時不同，那是種低沉的喃喃細語聲，一旦聽過就不容易忘懷，即使只是偶然沿著這種海岸漫步一回，這種聲音也會深深刻入腦海當中。很少人能真正在海裡聆聽岩塊隨潮浪翻滾的聲音，漢伍德（Henwood）卻有這個機會，他在參觀英國一個礦坑的海底坑道後，在《會刊》（Transactions）中描述道：

> 站在峭壁底下的坑道中，我們與海洋之間只隔著三公尺厚的岩石，聽著巨石劇

烈滾動、鵝卵石不斷相互摩擦、波濤澎湃洶湧，還有浪濤拍擊海岸後碎裂翻滾的聲音，我感覺這一切擾攘彷彿近在眼前，這種經驗令人既害怕又難忘。我們不止一次因為懷疑眼前岩壁的保護能力而驚恐退卻，經過一再試驗，我們才放心繼續手邊的調查工作。

英國這個島國一直十分關注這種由海浪所造成的「強大海蝕作用」（powerful marine gnawing），因為英國的海岸就是在這種力量的影響之下不斷地流失。一七八六年，郡測量員約翰．圖克（John Tuke）籌備繪製了一份地圖，根據這份地圖的內容，可以看出侯德尼斯海岸（Holderness Coast）有許多村鎮毀於巨浪之下。而其中特別值得注意的，包括「被大浪沖走」的洪西柏頓（Hornsea Burton）、洪西貝克（Hornsea Beck）和哈特奔（Harburn），還有「淹沒在浪濤之中」的古威瑟西（Ancient Withernsea）、海德（Hyde）或海斯（Hythe）。

科學家也依據其他許多古代記錄，比較現在海岸線與從前有何差異，結果發現許多地方的海岸懸崖每年受到潮浪沖蝕的速率驚人。在侯德尼斯侵蝕速率高達四公尺，克魯摩（Cromer）與蒙德斯里（Mundesley）之間的侵蝕速率為六公尺，而在索思沃爾德（Southwold）則是介於四至十四公尺之間。當代有位英國工程師寫道：「英國的海岸線每天都在改變。」

不過海岸邊有些美麗而有趣的景緻，正是波浪巧手塑造的成果。海蝕洞就是海浪衝撞懸崖而形成，海水湧入岩石裂縫，導致岩石受水壓影響而破裂。在經過數年之後，岩石縫隙不斷擴大，浪潮來去帶走無數細微的岩石碎片，最後洞穴形成。在這樣的一個洞穴裡，不斷湧入的海水的重量，加上水在密閉空間流動所造成的奇特吸力和壓力，可能使得潮浪繼續朝上侵蝕。碎浪向上沖撞時，波浪大部分的能量都傳給了這些拍擊的水，因此洞穴的穴頂及崖頂就好像受到大槌敲擊一樣。最後洞穴頂部被貫穿，噴洞形成。或是狹長的海岬原本側邊上有個海蝕洞，受到海浪沖刷穿透，形成一座天然的石橋。而後經過數年的侵蝕，橋身可能坍塌，臨海的岩體獨自矗立，這種造型奇特、像煙囪一般的岩柱，就是眾所皆知的海蝕柱。

滾滾狂流發出嘶吼狂嘯 以極快的速度撲向海岸

在人類想像之中，最讓人印象深刻的海浪，就是所謂的「海嘯」。這個詞通常用來指涉兩種極為不同的浪，而且這兩種浪跟潮汐都沒有關係。一種是海底地震所引發的地震海波，另一種則是異常的大風或風暴所帶來的浪潮，大量的水受到颶風般的狂風所驅動，攀升至遠超過一般高水位線的高度。

地震海波如今被稱為「海嘯」，大部分發生於海床上最深的海溝。日本、阿留申群島和阿他加馬的海溝都曾經引起驚濤駭浪，奪走許多人的性命。這些海溝原本就是地震的發源地，是個混亂而且失衡的地方，在這裡海床扭曲變形、向下延展，形成地表最深的溝渠。

不管是古早的歷史記錄或是現代的報紙，都常有人提到海上突生大浪，摧毀了沿岸的村落。根據最早的記錄，在西元三五八年，地中海東岸突然遭受巨浪襲擊，海浪淹過島嶼和岩岸的低窪地帶，埃及亞歷山卓港的船隻被沖上房子屋頂，數以千計的人在這場災難中慘遭滅頂。一七五五年里斯本發生地震大約一個小時後，西班牙加迪斯（Cadiz）的沿岸出現了大浪，據說浪高足足比最高潮位高了十五公尺。這場地震所產生的波濤甚至穿過大西洋，在九個半小時後抵達了西印度群島。在一八六八年，南美洲西岸有將近四千八百公里長的範圍，都受到地震影響。在最猛烈的震盪結束後，海水立即往後退，船隻原本停泊在水深十二公尺的港灣內，如今卻都擱淺在泥裡，接著海水形成巨浪回撲陸地，船隻被沖進內陸，距離岸邊足足有四百公尺遠。

海水不正常後退，通常是地震海波接近的第一徵兆。一九四六年四月一日，夏威夷海灘的本地人驚覺到，岸邊波浪日夜拍打的聲音突然沉寂，氣氛十分詭異。這些人不可能知道海水之所以退離礁岩和沿岸淺水區域，是因為三千多公里外發生了地震，震央位於阿留申群島烏尼馬克（Unimak）島外深峻海溝的陡坡上。他們也沒辦法預知，海面在幾分鐘內會迅速升起，猶如潮水來得極快，只是不帶浪花。海平面比平日潮位高出了七公尺以上。在史密森研究所（Smithsonian Inst.）的《年度報告》（Annual Rept.）中，某位目擊者描述：

> 海嘯掀起滾滾波濤朝岸邊襲來，浪頭高舉……在每一波巨浪來臨前，海水都會急速消退，原本隱藏在水面下的礁岩、泥灘和港灣底部一一浮現，由正常海濱線算

起，水足足退了一百五十多公尺。滾滾狂流發出嘶吼狂嘯，急速撲向海岸。有好些地方房屋被捲到海上，有些地區甚至連大石和水泥塊都被浪捲到礁岩上……這波海嘯造成了嚴重的生命財產損失，有些人在遇難好幾個小時後，才有船隻或飛機空投救生艇來救援。

阿留申群島地震在大洋上所造成的波浪，只有大概數十公分高，往來的船隻根本不會注意到，不過這些波浪的波長卻極長，兩個波峰之間的距離約有一百四十公里。這些波浪不到五個小時就抵達三千七百公里外的夏威夷群島，所以移動的平均時速大約是七百五十公里。這些波浪沿著太平洋東岸前進，根據記錄，它們影響的範圍遠至南半球，因為地震發生後約十八個小時，距離震央一萬三千公里的智利天堂谷市（Valparaiso）也遭到這些波浪襲擊。

人類史上首次眾人合力預防大浪在太平洋無人覺察的橫行

相較於以前的地震海波，這次的地震海波有一項特殊的影響，那就是促使人類開始思考，或許現在我們對於這類波浪及它們的移動方式已有足夠的了解，可設立預警制度，使人不必再害怕災難會突如其來地發生。地震學家與波浪和潮汐方面的專家一同合作，如今建立了一套系統，足以保障夏威夷群島的安全。科學家在太平洋上設立了許多觀測站，這些觀測站都備有特殊儀器，構成一個完整的網絡，所涵蓋的範圍從阿拉斯加的科迪亞克（Kodiak）到美屬薩摩亞的巴哥巴哥（Pago Pago），自巴拿馬的巴波亞（Balboa）而至帛琉。

這套系統的預警程序分成兩個階段。第一階段是運用美國海岸與測量調查局（Coast and Geodetic Survey）地震觀測站的新音響警報器，能立即發出地震發生警報。假如觀測人員發現震央位於海底，所以可能引發地震海波，就會送出警訊，要求特定潮浪觀測站的觀測人員注意儀器上的變化，檢查是否有海嘯疾速經過（即使非常小的地震海波也有獨特的週期可供辨識，而且這種波浪即使在某地不高，在其他地方也可能突然攀升至危險的高度）。檀香山的地震學家會收到通知，知道海底有地震發生，而且某些觀測站已確實記錄下這場地震所造成的波浪，然後他們就可以計算波浪前進到震央和夏威夷群島間任一點需要多少時間，而後警告有危險的海灘和濱水區，請民眾撤離。這是史上人類首次齊心合作，預防這些危險的波浪在無人覺察的情況下，橫行於太平洋的遼闊海域，而後突然襲擊某個有人居住的海岸。

自設立至一九六〇年，這套預警系統發出過八次警告，提醒夏威夷群島的居民地震海波即將來襲，而其中三次，大部分的波浪也確實進犯這些島嶼。不過無論就規模或破壞力而言，沒有一次地震海波及得上一九六〇年五月二十三日海上所掀起的波濤，這些海濤生於智利沿岸發生的強烈地震，而後越過太平洋襲擊夏威夷群島。假如沒有這種預警機制，人命損失想必會難以計數。

檀香山觀測所（Honolulu Observatory）的地震儀一偵測到智利發生地震，預警系統就開始運作。分布各地的潮浪觀測站提出明確警告，表示地震海波已經形成，正在橫越太平洋。檀香山觀測所先以新聞簡報散佈消息，而後正式發布「海嘯警報」警告當地居民，並預估地震海波抵達的時間，以及會受到影響的區域。這些預估十分準確，誤差都在合理範圍內，而儘管財產損失嚴重，但人員傷亡卻僅限於漠視警報的少數人。地震海波報告的涵括範圍西至紐西蘭，北至阿拉斯加。日本的海岸也曾受到巨浪襲擊，儘管美國的預警系統目前沒包括其他國家，但檀香山的官員在海嘯來臨前曾對日本提出警告，只可惜日本不予理會。

如今（一九六〇年）這套預警系統擁有八個地震觀測站，分別設立於太平洋東、西岸和某些島嶼上，以及二十個散佈於各地的波浪觀測站，其中四個還備有自動波浪偵測器。美國海岸與測量調查局認為，若能增設潮浪觀測站負責報告波浪動態，應能使這套系統發揮更大的作用。然而目前這套系統的主要缺陷在於，無法實際預測海浪到達某地岸邊時的高度，所以只要有地震海波接近，觀測所就必須發出同樣的警告，因此研究預測浪高的辦法，實是當務之急。不過，儘管目前預警系統仍有缺陷，依然能滿足許多人的需求，因此許多國家都亟欲將這套系統推廣到世界各地。

巨浪使鐵軌像電線一樣輕而易舉的扭絞成一團

風暴掀起的浪潮有時會淹沒颶風區地勢低窪的海岸地，這種浪雖然屬於風浪，但卻常造成整個海面上升，不同於一般因風吹和暴風雨所生的浪潮，因此稱為暴潮。通常海面會急遽上昇，逃命的機會微乎其微。在熱帶颶風造成的死傷人數當中，約有四分之三是這種暴潮的傑作。暴潮在美國造成過多次災害，其中最有名的要算是一九〇〇年九月八日德州蓋維斯敦（Galveston），以及一九三五年九月二日、三日南佛羅里達群島（Florida Keys）發生的災難，還有一九三八年九月二十一日新英格蘭颶風導致海平面上升所引發的災禍。史上颶風浪造成的最大災難，發生在一七三七年十月七日的孟加拉灣（Bay of Bengal），當時有二萬艘船被毀，總共三十萬人淹死。

一九五三年二月一日，荷蘭沿岸海水倒灌，造成這次災害的暴潮，可以在歷史中記上一筆。在冰島西方形成的凜冽冬風掃過大西洋後進入北海，最後阻礙暴風中心路徑的第一片土地承受了所有的風力，那就是荷蘭的西南部。浪潮在暴風的驅動下激烈地拍打著防波堤，使得這些年代久遠的護堤出現上百個缺口，而後洪水從這些缺口湧入，淹沒田地和村落。風暴是在週六，也就是一月三十一日時來襲，到了週日中午，荷蘭已經有八分之一的土地泡在水裡。災害損失包括荷蘭大約二十萬公頃最好的農地（先是受到海水肆虐，而後鹽化）、數千棟建築物、幾十萬頭家畜，另外據估計共有一千四百人死亡。在荷蘭與海洋爭鬥的悠久歷史中，這是海浪第一次造成這麼嚴重的災難。

另外也有巨浪會定期侵襲某些海岸，連續肆虐好幾天，這些巨浪通常稱為「捲浪」，同樣是風浪的一種，但卻跟海上氣壓的變化有關，而氣壓產生變化的地方，距離波浪最後抵達的海灘可能有數千公里之遙。眾所週知低壓地區（比如冰島南方的低壓帶），是培育風暴的溫床，風暴帶來的狂風會在此處激起大浪。一般而言，波浪在離開風暴區後浪高會降低，波長則增長，而後在海上行進大概數千公里後，會轉變為所謂的觸底長浪。這種類型的湧浪來去十分規律，浪高又不高，因此在經過其他區域新生的起伏短浪時，常常沒有人注意到。但是湧浪在接近海岸時，會因為水深逐漸變淺而開始「聳起」，形成又高又陡的浪，波浪在進入破浪區後愈形陡峭，接著波峰成形、破碎，最後大量海水撲向岸邊。

風暴穿過阿留申群島南方一路前行，最後進入阿拉斯加灣（Gulf of Alaska），北美西岸的冬季湧浪便是由這些風暴所形成。夏季拍打這個海岸的湧浪則是起源於南半球的「四十度嘯風帶」（roaring forties），也就是赤道以南數千公里遠之處。因為盛行風的風向，美國東岸和墨西哥灣不會受到遠方風暴製造出來的湧浪所襲擊。

摩洛哥海岸尤其從未擺脫過湧浪的影響，原因是直布羅陀海峽以南將近八百公里的範圍內，沒有任何屏障可阻擋湧浪的侵襲。自古以來，捲浪不斷造訪大西洋上的亞森欣島、聖赫勒拿島、南千里達島和費爾南多島（Fernando de Noronha）。同樣類型的浪顯然也出現在南美接近里約熱內盧的海岸邊，當地稱之為「回頭浪」（resacas），還有些是生成於南太平洋西風帶的風暴當中，而後侵襲波摩多群島（Paumotos Islands）的海岸，此外有的浪則為南美太平洋沿岸帶來災禍，因而有著名的「多浪日」（surf days）。根據莫非（Robert Cushman Murphy）表示，以前做肥料生意的船長經常會特別要求寬限幾天的時間，原因是他們船上的裝卸貨工作會有幾天因為海浪的影響而中斷。在這些「多浪日」，「巨浪蓋過防波堤，捲走了四十公噸重的貨車，將水泥柱連根拔起，在水的力量之下，鐵軌就像電線一樣，輕而易舉地被扭絞成一團」。

由於湧浪從生成地向外移動的速度頗慢，所以摩洛哥保護國（Moroccan Protectorate，摩洛哥一九五六年獨立前曾分為兩部分，一為法國保護國，一為西班牙保護地）得以建立一套海象預測系統。主事者花了很長一段時間，由船隻與碼頭損毀的慘痛經驗中汲取教訓，最後終於在一九二一年完成這套系統，每日發送電報提供最新海象資訊，預報惱人的多浪日即將來臨。港內船隻在接到湧浪接近的警告後，就能駛離港灣，前往他處避難。在這套系統建立以前，卡薩布蘭加港有次曾因巨浪而停擺了七個月，聖赫勒拿島則不只一次遭受大浪襲擊，導致港灣內船隻幾近全毀。現代的波浪記錄器，例如正在英美進行測試的那些設備，不久將能為所有這類海岸提供更安全的防護。

海洋幽暗而不平靜的深處隱藏著許多謎團亟待我們破解

眼睛看不見的事物總是最能激發人類的想像力，波浪的情況也是如此。海裡最大也最可怕的浪，是我們所無法親眼目睹的，這些波浪行蹤隱密，在幽遠的海底深處橫行無阻。多年來前往北極探險的船隻經常受到所謂「死水」（dead water）的阻礙，只能勉力前進，現在大家已經知道，「死水」就是介於海洋表層淡水與下層鹽水之間的內波。在一九〇〇年代初期，幾位北歐的水理學家提出海底也有波浪存在，不過在又過了幾年之後，人類才發明出適當的儀器，能徹底研究這個現象。

時至今日，這些巨大波浪仍在海底深處上下起伏，儘管它們的成因仍舊是個謎，但在海洋各處的蹤跡卻已為人所掌握。這些波浪在海底晃動潛水艇，在海面上則使得船隻顛簸不已。它們似乎會在深海衝撞上墨西哥灣流和其他強勁海流，情況就如同海面波浪與方向相反的潮汐流展開激烈戰鬥一樣。或許不同的兩種水重疊，就會製造出內波，就像眼前所見的波浪是生於空氣與海洋之間，只不過在海面上並不會出現內波。內波裡所蘊含的水量大到令人難以置信，有些波浪甚至一形成就已高達九十公尺。

這些波浪對深海的魚類和其他生物會造成哪些影響，目前人類還不太了解。瑞典的科學家認為，深海內波在湧過海底山脊進入瑞典某些峽灣時，會將鯡魚帶入這些峽灣。就人類所知，在廣闊的大海中，生物常因為已經習慣了某種環境條件，而無法適應溫度或鹽度不同的水體。那麼這些生物是否會隨著深海波浪的起伏而移動？大陸斜坡底層的動物在適應了永恆不變的水溫後，又會遇到什麼問題？假如來自極寒地區的波浪湧入這些生物所在的區域，跟暴潮一樣在幽暗的深海斜坡上翻滾湧動，這些生物又會有什麼樣的命運？目前人類對這些問題都沒有答案。我們只能感受到在海洋幽暗而不平靜的深處，隱藏著許多更大的謎團，亟待我們去破解。

行星之流

千萬年來，
陽光、海洋和四處流浪的風時常相會。
——哲學詩人波伊斯（Llewelyn Powys）

一九四九年的仲夏，信天翁三號（Albatross III）整整有一個禮拜被困在喬治沙洲的大霧中，只能摸索著前進，而船上的我們則是親身體驗到了強大海流的力量。儘管我們與墨西哥灣流之間的距離至少有一百六十公里以上，隔著一片冰冷的大西洋海水，但是風不斷從南方吹來，為喬治沙洲帶來墨西哥灣流的溫暖氣息。暖空氣與冰冷的海水結合，產生了永遠不會消散的霧。日復一日，信天翁號好似航行在一個圓形的小房間裡，房間的牆壁是柔軟的灰色帷幔，地板則如玻璃般平滑。有時海燕像燕子般振翅飛過房間，有如變魔術一樣穿牆進出。傍晚的太陽在下山前，猶如淡銀色的圓盤，懸掛在船的索具上，霧氣飄浮、流光四散，看到眼前的景象，我們不禁想吟詠柯立芝（Coleridge）的詩句。我們可以感受到一股強大的力量，但是卻看不到力量的形貌，這股力量顯然就在附近，只不過從未現形，這種經驗絕對比直接遇上海流更教人印象深刻。

就某方面而言，永恆存在的洋流可說是海洋最壯觀的景緻。要研究洋流，首先必須跳脫地球的範圍，想像自己是從另一個星球來觀察地球的自轉，探索風以何種方式有時深深擾亂地球表面，有時又只是輕柔拂過，並且檢視太陽及月亮的影響。由於這些宇宙力量都與強大的海流關係密切，因此海流也稱為行星流，而在所有形容海流的詞語當中，我最喜歡的正是這個稱號。

自地球生成至今，海流的路徑無疑已改變許多次（例如墨西哥灣流形成已約六千萬年之久），我若意欲描述如寒武紀、泥盆紀或侏羅紀時期的海流模式，想法未免太過輕率。不過就人類的短暫歷史而言，海洋環流的主要模式不可能有任何重要改變，而海流給人的第一印象就是它們永不改變。這沒什麼好驚訝的，原因是在漫長的地球時間裡，產生海流的力量並沒有顯著的變化。海流主要的驅動力來自於風、太陽、地球永遠由西向東自轉，還有大陸的阻礙，則能對洋流起調整的作用。

在陽光的照射下，海面受熱的情況並不平均，海水溫度升高後，會膨脹變輕，而冰冷的海水則較重，密度也較高。極區和赤道附近的海水很可能因為這些差異而慢慢混合，赤道地區表層的溫熱海水往極區移動，極區的海水則是沿著海床潛行，流往赤道。不過這類交換作用並不顯著，而且大多會受到更強勁許多的風吹流所阻礙。最恆久不變的風就是信風，從東北和東南方斜向吹往赤道，帶領赤道的洋流環繞地球。地球自轉時會產生一股偏向力，影響風、水以及所有移動的物體，包括船隻、子彈或是鳥，所以在北半球，物體在移動時會向右偏，在南半球則是向左偏。在這些及其他力量的聯合作用之下，洋流呈現漩渦狀緩慢地迴旋，在北半球是向右轉，也就是依順時針方向轉動，在南半球則是向左轉，或說呈現逆時針方向旋轉。

墨西哥灣流強勁 順風下他們卻無法前進只能後退

不過也有例外的情況，印度洋就是重要的一例，這片大洋似乎一直都很與眾不同。印度洋的洋流受到善變的季風支配，所以流向隨著季節而變。在赤道以北的區域，大量的海水可能朝東或朝西流動，流動的方向依盛行的季風而定。在南印度洋，海流的流向是相當典型的逆時針方向，在赤道地區由東向西流，而後沿著非洲海岸向南前進，在西風的吹送下向東抵達澳洲，最後再沿著隨季節而變化的路徑曲折向北，這時有的海流會流入太平洋，有的則吸納來自太平洋的海水繼續向前。

南冰洋是典型洋流模式的另一個例外，這片海洋只是一條環繞地球的水帶。在西風和西南風不斷吹拂下，海水朝東方和東北方流動，在接收融冰產生的淡水後，流速變得更快。這並不是個封閉的循環，南冰洋的海水會藉由表層洋流和海底的路徑進入鄰近海洋，而鄰近海洋的海水也會流進南冰洋。

觀察大西洋和太平洋的情況，最能了解產生行星流的宇宙力量，是以什麼樣的方式在交互作用。或許是因為有很長的一段時間，大西洋上有無數貿易路線交錯，所以大西洋的海流對海員來說最為熟悉，而海洋學家對這些海流也研究得最為透徹。在海運盛行的年代，每個水手都很了解強勁的赤道洋流。由於洋流向西的力量強大，所以如果有船隻想向南駛入南大西洋，必須先在東南信風帶朝東方航行一段距離，否則會完全無法前進。一五一三年，龐塞德萊昂（Ponce de Leon）率領三艘船艦從卡納維爾角（Cape Canaveral）往南航向投圖加斯（Tortugas），途中他們有時會敵不過墨西哥灣流的強勁水流：「雖然順風，卻無法前進，只能後退」。幾年後西班牙的船長學會利用海流，先乘著赤道洋流向西航行，而後順著墨西哥灣流回返遠在海特拉斯角（Cape Hatteras）的家鄉，也就是他們航向開闊大西洋的出發點。

約一七六九年時，第一張描繪墨西哥灣流的海圖在富蘭克林的指揮下繪製完成，當時富蘭克林擔任殖民地郵政副總監（Deputy Postmaster General of the Colonies）一職。波士頓的關稅局抱怨，跟羅德島的商船相比，來自英格蘭的郵船在遞送郵包時儘管也是向西橫越大西洋，卻要多花兩個禮拜的時間。富蘭克林對此感到很困惑，於是詢問南塔基（Nantucket）的船長提摩西．佛爾傑（Timothy Folger），佛爾傑告訴富蘭克林這很有可能是真的，原因是羅德島的船長很了解墨西哥灣流，所以在朝西橫越大西洋時，會避開這股海流，但是英國的船長卻不知道這些事情。佛爾傑和其他南塔基的捕鯨船船長都很熟悉墨西哥灣流的情況，他在《會刊》中解釋這是因為：

> 我們追捕鯨魚時，鯨魚一直沿著墨西哥灣流邊緣游動，卻不曾游進去跟水流對

抗，我們沿著灣流航行，時常穿越灣流換邊，在穿越的時候，偶爾會遇到在灣流中央逆流而行的郵船，和船上的人交談。我們跟他們說他們正在逆流航行，這條海流時速可達五公里，建議他們離開，不過他們都自以為聰明，不願接受頭腦簡單的美國漁夫的建議。

富蘭克林想：「海圖上應該要註明這道海流」，所以就要求佛爾傑幫他標明。然後他們就在一張陳舊的大西洋海圖上標出了墨西哥灣流的路徑，接著富蘭克林把這張海圖寄到英格蘭的費爾茅斯（Falmouth）給郵船的船長參考，「但卻沒有得到他們的重視」。這張海圖後來在法國印行，美國獨立革命後又收入《美國哲學學會會刊》出版。美國哲學學會的編輯為了節省成本，把富蘭克林的海圖和另一張完全沒關係的圖刻在同一塊印版上，那張圖是〈鯡魚的年度遷徙〉（Annual Migrations of the Herring）這篇文章的插圖，該文章作者名為約翰．吉爾平（John Gilpin）。後來歷史學者誤以為富蘭克林之所以知道墨西哥灣流的存在，跟左上角的插圖有關係。

受地球自轉的影響
墨西哥灣流的海平面高度向右方升高

假如不是受到巴拿馬地峽的阻擋，北赤道洋流會直接湧入太平洋，在過去漫長的地質年代裡，南、北美洲這兩塊大陸還是分開的時候，情況必是如此。到了白堊紀晚期，巴拿馬的山脈隆起，北赤道洋流因為遇到陸地而轉往東北方，再次進入大西洋，形成墨西哥灣流。墨西哥灣流從猶加敦海峽（Yucatan Channel）向東流動，穿過佛羅里達海峽，最後凝聚了驚人的水量。假如跟許多人長久以來的想法一樣，把灣流看做是海中的「河流」，那麼這條河的寬度足足有一百五十公里寬，河面到河床的深度可達一公里半，流速將近五公里半，而水量則是密西西比河的好幾百倍。

即使到了現代，船隻以柴油為動力，南佛羅里達沿岸的運輸業者在遇上墨西哥灣流時還是很小心謹慎。不管是哪一天，你只要搭小船到邁阿密南方，就可以看到大型貨輪和油輪在駛向南方時，航行軌道似乎極接近佛羅里達群島。朝陸地的方向看，水中的礁石連接成一道幾乎沒有中斷的牆，堅硬的大珊瑚礁岩矗立在海床上，深棕色的珊瑚就在水面下不到三、四公尺深的地方。往海的方向看就是墨西哥灣流，大船雖然有能力頂著灣流的強勁水流朝南方前進，但這麼做既費時又耗燃料。因此船隻會慎選礁岩和灣流之間的航道。

南佛羅里達海岸的灣流之所以擁有強大的能量，很可能是因為在這裡，灣流實際上是朝下流的。強勁的東風吹送大量表層海水進入狹窄的猶加敦海峽和墨西哥灣，這兩個地方的海平面因而高於大西洋外海的海平面。以佛羅里達州灣岸的雪松群島（Cedar Keys）為例，當地海平面要比聖奧古斯丁（St. Augustine）地區高了十九公分。此外，灣流本身也有高度不一的情況，質量較輕的海水受到地球自轉的影響，朝灣流的右邊偏，所以就墨西哥灣流本身而言，海平面的高度實際上是朝右方升高。古巴沿岸海面的高度要比大陸沿海高了大約四十六公分，所以所謂的「海平面」一點都不名副其實。

海流上厚重的霧是大氣對墨西哥灣流入侵海域的回應

灣流往北方流動，沿著大陸坡起伏，到達海特拉斯角外後，轉朝外海的方向前進。灣流雖然遠離陸地的邊緣，離去前卻已經在陸地上留下到此一遊的印記。南大西洋沿岸四個擁有刻蝕美景的海角，也就是卡納維爾角、恐怖角（Fear）、眺望角（Lookout）及海特拉斯角，顯然都是灣流的作品，灣流流過帶來威力強大的漩渦，雕塑出海角的奇景。每個海角的尖端處都指向大海，海角之間的沙灘呈現長弧形，可以看出墨西哥灣流的漩渦是以規律方式在這些地方旋繞。

灣流在越過海特拉斯角後離開陸棚區，轉往東北方，化為一道細長的海流蜿蜒前進，一路上跟兩旁海水都有很明顯的區隔。在大瀨（Grand Banks）「尾端」的海面上，溫暖的靛藍色灣流遇上來自北極的深綠色冷流，也就是拉布拉多海流，海水界線最是分明。在冬天，這條界線兩邊溫差極大，假如有船隻開進墨西哥灣流，有段時間船頭處的海水溫度會比船尾處的海水溫度高二十度，彷彿「冷牆」（cold wall）是實際存在的障礙物，分隔著兩個水體。這個地區有著世上數一數二的濃厚霧堤（fog banks），就位在冰冷的拉布拉多海流上方，這片覆蓋在海面上的厚重白霧，是大氣對於墨西哥灣流入侵冰冷的北方海域所做出的回應。

灣流在流到所謂大瀨的「尾端」後，遇到升起的海床，於是轉向東方，開始散入許多地形曲折複雜的岬角。或許來自巴芬灣（Baffin Bay）和格陵蘭島的寒流夾帶冰塊南下，也是灣流轉而向東的原因，此外地球自轉的偏向力也必定會使海流朝右轉。拉布拉多海流本身原本是由北往南流，現在則轉往大陸的方向前進。下次你到美國東岸的某些渡假勝地遊玩，奇怪當地的海水為什麼會這麼冰時，記得在你和墨西哥灣流之間隔著一道拉布拉多海流。

灣流在越過大西洋後，不再是一道海流，而是分散成數道偏流，主要往三個方向前進：向南進入藻海，向北進入挪威海（Norwegian Sea），在當地形成大大小小的漩渦，向東溫暖歐洲的海岸（部分甚至湧入地中海），而後化身為加那利海流，重回赤道洋流的懷抱，結束一次循環。

現在海洋學家在討論到墨西哥灣流系統時，一般都認為海特拉斯角以東沒有一道連續不斷的溫暖水流，而是「連續好幾道交疊的海流，排列的方式有點像屋頂上的木瓦」。這些海流不但「交疊」，而且流幅狹窄、流速極快。科學家很久以前就在大瀨東方找到了墨西哥灣流的主支流，現在他們發現這些海流其實發源自大瀨以西的遙遠地方，而且並非如一般所認為，是墨西哥灣流的支流，而是一道道新生的海流，彼此首尾相接往北流。

海洋學家在對海中環流的動態有更深入的研究之後，驚訝地發現海洋和大氣有許多相似之處。研究墨西哥灣流的頂尖學者庫倫伯斯．艾瑟林（Columbus Iselin），曾經在說明灣流的分流情形時，用了個很有趣的比喻，他說：「在中緯度地區盛行西風帶的高空噴射氣流，似乎也有同樣的情況，只不過每道噴射氣流的規模，都大於墨西哥灣流系統的交疊支流。」

北赤道洋流如南半球墨西哥灣遊走亞洲島嶼組成的迷宮

南半球的大西洋洋流幾乎是北半球的翻版，只是呈逆時針方向循環——西、南、東、北。主導洋流位在海洋的東方，而非西方，那就是本吉拉洋流，這道冷流沿著非洲西岸往北流。南赤道洋流在海洋中央時水流強勁，在《挑戰者》（Challenger）期刊中，就有科學家描述南赤道洋流強力沖激聖保羅岩的情況，而在經過南美洲沿岸時，洋流中的大量海水，以每秒約六百萬立方公尺的流量流入北大西洋。餘者形成巴西海流，轉而向南，而後又轉東形成南大西洋海流或環南極洋流。上述種種構成了一套淺水循環系統，洋流深度大多都不超過海面下一百八十公尺。

太平洋的北赤道洋流是地球上最長的西向洋流，東起巴拿馬，西至菲律賓，一路通行無阻，全長共一萬四千四百公里。北赤道洋流在菲律賓受到島嶼阻礙後，主流轉向北方形成日本海流，相當於亞洲的墨西哥灣流。而另一小部份水流則繼續西進，遊走在亞洲島嶼組成的迷宮當中，部分水流迴轉沿著赤道流動，化身成赤道逆流。日本海流（因為海水呈深靛青色，所以又稱做黑潮）原本沿著東亞的大陸礁層向北流，與來自鄂霍次克海和白令海的寒流——親潮交會後，便遠離大陸。在日本海流和親潮的交會處，霧氣瀰漫、風勢猛烈，就像在北大西洋，墨西哥灣流和拉布拉多海流相會處也是一片濃濃的白霧。

之後日本海流穿過太平洋流往美洲，構成北太平洋大漩渦的北面屏障。溫暖的海水在與來自親潮、阿留申群島，以及阿拉斯加的極地冰冷海水混合後急速降溫，在抵達美洲大陸時已成了冷流，沿著加州海岸向南流動，而後又混入深海的上昇水流，水溫變得更低，美國西岸夏日氣候溫和，跟這道海流有很大的關係。這道海流在流到南加州後，又匯入北赤道洋流。

南太平洋幅員極為遼闊，科學家本以為可以在此找到舉世無雙的強勁洋流，不過他們似乎未能如願。南赤道洋流的行經路徑上島嶼林立，水流時常遭到阻斷，無法進入中央流域，所以大部分時節，南赤道洋流在接近亞洲時強度不強，到東印度群島和澳洲附近時流向已是紊亂不定。西風漂流或說環南極洋流，是洋流循環中往極地方向的那一支，誕生於世界第一的強風中，在幾乎毫無陸地阻礙的情況下咆哮橫越海洋。不過人類對這道海流的認識，就像對南太平洋多數海流一樣，都還處於略知皮毛的階段。只有一道洋流曾經經過科學家徹底地研究，那就是漢保德海流，這項研究對人類有十分直接的影響，因此比其他所有的洋流研究更受重視。

最近海洋學界的大事就是，科學家在南赤道洋流底下發現一道強勁的海流，不過其流向與南赤道洋流正好相反。這道反流的中心部分位在海面以下約九十公尺之處，但是靠近加拉巴哥群島的洋流東端深度比較淺。這道面下流大約有四百公里寬，而長度至少達五千六百公里，沿著赤道以五公里半左右的速度朝東方流動（表面洋流的流速只有約二公里）。一九五二年，湯森．克隆威爾（Townsend Cromwell）為美國漁業及野生動物局（Fish and Wildlife Service）進行與鮪魚捕捉方法相關的研究，因而發現了這道特殊的洋流。他發現設置於赤道的捕鮪網，並未如預期一般順著海面洋流往西行，而是以很快的速度朝反方向漂動。

然而，一直到一九五八年，斯克利普斯海洋研究所才開始深入研究這道反流，測量洋流的規模，所得結果十分驚人。這項研究更證實了深海洋流的循環遠比一般人所以為的要來得複雜，因為在這道東向急流之下居然又有一道西向海流。因此在太平洋赤道地區的海域，單是從海面到海面以下半公里的距離，就有三道強勁海流，由上到下，各有各的流向，彼此互不干涉。假如調查範圍能進一步延伸到海底，無疑會有更多的發現。

就在這道太平洋海流的詳細位置出現在地圖上的前一年，英國和美國的海洋學家已經在墨西哥灣流和巴西海流底下，找到一道由北大西洋流往南大西洋的南向逆流。海洋學家是直到最近才掌握這類發現所需的技術。隨著越來越多人使用這些技術，人類對深海洋流的循環將不再幾乎一無所知。

祕魯這些鳥每年吃掉的魚數接近美國漁業總漁獲量的四分之一

漢保德海流有時候又被稱做祕魯海流，從南極沿著南美洲西岸朝北流，所含的海水跟南極的海水一樣的冰冷。不過這道寒流的溫度實際上是深海的溫度，原因是該洋流在流動時，幾乎時時刻刻都在吸收來自深海的湧升流。因為漢保德海流的存在，企鵝可以在極接近赤道的加拉巴哥群島存活。這道冷流的海水富含礦物質，孕育出無數海洋生物，數量之多或許堪稱世界之冠，而且直接受益的並非人類，而是數以百萬計的海鳥。

鳥糞堆積染白了沿岸的峭壁和島嶼，經過日曬之後，讓南美洲人間接享用到了漢保德海流的資源。

羅柏・寇克（Robert E. Coker）受祕魯政府委託研究祕魯的鳥糞工業，他生動地描述漢保德海流豐富的生物資源。他在《公報》中寫道：

……無以計數的小脂鯉（anchobetas）群，後面追著許多鰹魚、其他魚類還有海獅，此外這些小魚也是眾多鸕鷲、鵜鶘、塘鵝和其他各式各樣海鳥的獵物……一列又一列的鵜鶘排列眼前，鸕鷲成群低空飛行，或塘鵝集體俯衝的壯觀場面，不管在世上哪個角落，大概都很難找到足以匹敵的美景。鳥兒主要以脂鯉為食，幾乎不吃其他東西。所以脂鯉不只是……大魚的食物，也因為是鳥的食物，所以等於是每年產量可能多達數千公噸的高品質鳥糞的來源。

根據寇克博士的估計，祕魯這些製造糞便的鳥每年吃掉的魚的數量，相當於美國漁業總漁獲量的四分之一。因為有這樣子的飲食習慣，牠們吸收了海裡的各種礦物質，排出的糞便也成了世上最有價值也最有用的肥料。

漢保德海流在緯度接近於白角（Cape Blanco）的地方離開了南美洲海岸，西轉進入太平洋，帶著冰冷的海水一路前進，幾乎來到赤道區域。在加拉巴哥群島附近，不同海水混合產生不可思議的景象，綠色的漢保德冷流遇上藍色的赤道海水，掀起巨大波瀾，形成明顯的泡沫線，顯示海洋深處潛藏著許多洋流活動，海流在深海不斷相互激盪。

烏賊不停追逐各種魚類而巨頭鯨正在享用烏賊大餐

在某些地方，流向相反的洋流激烈衝撞，可能成為當地最壯麗的海景。海上浪潮唏嘘嘆息，海面泛起一道道飾有白沫的波紋，波濤起伏不定，海水翻攪滾動，甚至有宛若遠方碎浪的聲音響起，這些都是深海海水上升到海洋表層時會產生的現象。有些住在深海的生物可能隨著水流到達海洋表面，這就是深層海水上升運動最顯而易見的證據，牠們來到海面以後，大肆捕食，但同時也成為其他生物的獵物，正如有天晚上莫非在哥倫比亞海岸從雙桅帆船艾斯寇伊號（Askoy）上所目睹到的一樣。當晚四周一片靜謐黑暗，不過從水面的變化可以清楚看出深海海水正在上升，船下深處有流向相反的水流在相互衝撞。在帆船四周，小卻尖陡的浪突然湧現，而後化為白沫浪，浪花中點綴發光生物散發出的藍色光芒。莫非在《自然史》中寫道：

突然間，船周圍出現一圈黑線，距離難以估算，就如同一道水牆逐漸朝我們逼近……我們可以聽見鄰近海面波濤起伏、水花飛濺的聲音……不久我們看到一片微光閃爍的泡沫，綴有點點冷光，乘著湧浪緩緩接近，或向左方漂去。我和法倫（Fallon）不知為何都突然想到深海地震所引發的激潮，在引擎故障又完全無風的情況下，船舵一點用處都沒有，我倆不禁有股深深的無力感。加上這一切就好像在夢中似的緩緩進行著，讓我感覺自己似乎尚未從三個小時的小睡當中完全清醒。

不過就在那道黑色、白邊的不明威脅接近之後，我們才發現其實那只是一片激盪舞動的海水，海面濺起三十公分左右的小水花，有節奏地拍打「艾斯寇伊號」的船身……。

不久從右舷一片黑暗當中傳來明顯的嘶嘶聲，和剛剛的小浪花拍擊聲完全不同，而後又有奇怪的颯颯噴氣聲響起……在噴氣的是巨頭鯨，數量很多，或許有幾百隻，巨大的身軀在「艾斯寇伊號」兩旁緩慢移動，在快要撞到船時下潛……我們可以聽到牠們打鬧噴水的喧囂聲。在探照燈的強光照射下，我們發現嘶嘶聲其實是一群小魚在跳躍。四面八方在燈光所及之處，都可以看到這些小魚猶如在慶祝般躍起又落下……。

海面在翻騰，因生命而躍動，這些生物大多來自於海底深處。還未長出鉗的小龍蝦、各色水母、一連串樽海鞘（salpa）、鯡魚似的小魚、有隻棘銀斧魚的臉被咬掉了、烏甘頭垂得低低的、身體會發光的燈籠魚、紅色紫色的螃蟹在游泳，還有許多其他我們沒辦法一眼就認明的生物，而且大部分生物的體型都太小，甚至無法看得很清楚……。

大屠殺正在進行。小魚不是在吃無脊椎動物，就是在吞食浮游生物；烏賊不停追逐捕捉各種大小的魚；而巨頭鯨無疑正在享用烏賊大餐……。

隨著時間逐漸流逝，各式各樣生物大肆捕食的驚人景象以緩慢到幾乎無法察覺的速度逐漸消失。最後「艾斯寇伊號」所在的海域，似乎又恢復原本如石油般的靜默死寂，而那波拍打跳躍的浪潮不斷遠去，最後消失無蹤。

湧升流使漢保德海流可全程保持低溫並從深海帶來鹽分

雖然很少人看過類似的湧升流奇景，但這種景象卻是經常出現在某些海岸和外海許多地方。不管出現在哪裡，當地必然也會湧現豐富而多樣的生物，世上有些大漁場就是因為湧升流而形成。阿爾及利亞沿岸有知名的沙丁魚漁場，這裡之所以沙丁魚產量豐盛，就是因為冷冽的深海海水湧升至海洋表層，帶來豐富的礦物質，養活大量的矽藻。摩洛哥西岸、加那利群島和維德角（Cape Verde）群島對面海域，還有非洲西南海岸，也都有大規模的湧升流帶來豐富的海洋生物。阿拉伯海靠近阿曼的海域和索馬利亞海岸接近哈風角（Cape Hafun）的海域，均有極為豐富的魚類資源，而這些地區也都有冰冷海水湧自深海。亞森欣島以北有南赤道洋流經過，這個地方因海底深處的海水湧升而形成「冷岬」（tongue of cold），出現為數驚人的浮游生物。在合恩角以東的南喬治亞島附近也出現湧升流，使得這個區域成為全球捕鯨中心之一。美國西岸是世界級的大漁場，沙丁魚的年捕獲量有時高達四億五千萬公斤。一地要出現漁場，當地必須要有湧升流，才能形成眾人熟悉的生物鍊，也就是鹽、矽藻、橈足類生物、鯡魚。沿著南美洲西岸一路南下，可以發現漢保德海流中的海洋生物十分豐富多樣，而這都是因為湧升流的關係，漢保德海流足足流了四千公里才到達加拉巴哥群島，湧升流不但使得這道洋流的海水全程保持低溫，更從深海帶來礦物質。

沿岸之所以出現湧升流，是數種力量交互作用的結果，包括風、海面洋流、地球自轉，以及大陸底部隱密斜坡的形狀。海洋表層海水受到風和地球自轉偏向力的影響而離岸，深海海水因而上湧補位。湧升流也可能出現在外海，不過成因完全不同。兩道強勁海流分道揚鑣之處，必定有海水自深海湧起，填補海流分開後遺留的空位。

在太平洋赤道洋流的最西端，就可以看到這種情形，威力強大的海流轉向後，一部分海水迴轉形成逆流，另一部分則向北朝日本方向前進。這裡的水流洶湧且流向紊亂，主流感受到往北的強烈拉力，同時受地球自轉力的影響，因而往右偏斜。較小的水流在渦流和漩渦的作用下，反身流回東太平洋。這些水流之間的鴻溝，由於深海海水急速上湧填補才沒有進一步加深。海水因此翻攪不定，來自深海的海水使得海洋表層溫度降低，也帶來豐富的養分，小型浮游生物因而在此繁衍，數量逐漸增加後成為較大浮游生物的食物，而後這些較大型的浮游生物又成為烏賊和魚類的大餐。這些海域蘊藏極為豐富的生物資源，有證據顯示這種情況可能已經持續了好幾千年。最近瑞典的海洋學家發現，這些洋流分流處的海底沉積層都特別厚，數十億隻微小生物在這些地方生活及死亡，牠們的殘骸構成了當地的海底沉積層。

海底洋流勁道之強
使纜線如剃刀邊緣般凹凸不平

表層海水下沉至深海的海水運動，就跟湧升流一樣驚人，或許更能讓人類感到敬畏且覺得神秘，因為這種運動是肉眼看不見的，只能憑空想像。眾所週知世上有幾個地方經常有大量海水沉降的情形。海水沉降後為深海洋流所吸收，我們對於這些深海洋流的路徑所知甚少，唯一知道的是這些洋流都是海洋水量調節系統的一部分，海洋藉由這個系統調整各個海域的水量。

比方因為赤道洋流的影響，南大西洋有大量表層海水流入北大西洋（每秒約六百萬立方公尺）。在調節作用之下，南大西洋也獲得深海海水做為補償，有些海水來自極冷的北極海域，有些則來自世上鹽度最高也最溫暖的地中海海域。北極的海水會在兩個地方下沉，一個是拉布拉多海（Labrador Sea），另一個則是格陵蘭島的東南方，兩地海水沉降的規模都非常大，每秒可達約兩百萬立方公尺。地中海深處的海水會流過分隔地中海海盆及開闊大西洋的海底山脊，這道山脊位於海面以下大概二百七十公尺深的地方。海水之所以會越過這道山脊的岩頂，是因為地中海情況特殊。地中海是個幾乎封閉的海域，在烈陽的曝曬下，海水蒸發的速率高得異常，導致散入大氣的水量多過河流注入海中的水量。海水的鹽度和密度變得越來越高，蒸發作用持續，造成地中海海面低於大西洋海面。為了導正這種高低不平的情況，大西洋鹽度較低的海水形成強勁的表面流，湧過直布羅陀。

現在我們很少想到這件事，不過在海運盛行的年代，船隻要從地中海進入大西洋會遭遇很大的阻礙，原因就在於這道表面流。一本一八五五年的古老航海日誌曾提到這道洋流及它的實際影響：

天氣晴朗，風壓偏航一又四分之一。正午時分，在往艾美拉灣（Almira Bay）的途中停泊，於羅格塔斯村（Roguetas）下錨。發現許多船正在等待西航的時機，從這些船的船員得知，至少有一千艘船因為天氣而被困在這裡和直布羅陀之間。有些船已經受困六個禮拜，甚至曾經設法開到馬拉加（Malaga），結果還是不敵洋流而折回。更確切地說，過去三個月裡，沒有船能夠進入大西洋。

經過科學家測量後，發現這些表面流在流進地中海時，平均流速大約是五公里。底層流——也就是流往大西洋方向的海底洋流，勁道甚至更強，連科學家送到海底用來測量海流強度的儀器都遭到了破壞，顯然是因為被洋流捲起猛砸到海底的石頭上才故障。在費爾茅斯，一條架設於直布羅陀附近的電纜線「如剃刀邊緣般嚴重磨損，已經完全不能用，新的電纜則架設在極靠近岸邊的地方」。

今日拍打維吉尼亞海灘的波浪或許曾在地中海的陽光下閃耀

在大西洋北極圈海域沉降的海水，以及越過直布羅陀山脊從地中海流出的海水，都在海盆較深處向外擴散，橫越北大西洋，通過赤道持續向南前進，穿過由南冰洋往北流動的兩道洋流間。這些南極海水有的與大西洋海水（也就是來自格陵蘭島、拉布拉多海及地中海的海水）混合，然後隨著這些海水返南。但其他則朝著北方流動，越過赤道，最遠到達緯度相當於海特拉斯角的地方。

這些深海海水的移動方式其實根本不能說是「流動」，密度大的冰冷海水整片緩慢行進，規模驚人，範圍遍及全世界。或許深海海水以這種方式環遊世界的同時，也將部分海洋動物散佈至世界各地，牠們並非海洋表層的生物，而是大海黑暗深處的居民。在南非和格陵蘭島沿岸，科學家發現了一些與深海的無脊椎動物和魚類同樣種類的生物，根據我們對洋流起源的認識，這項科學發現似乎相當值得重視。科學家在百慕達群島附近找到的深海生物種類最多，而這個地方也是來自南、北極和地中海的深海海水混合之處。或許在這些陽光照射不到的洋流裡，深海的奇特生物之所以能一代代隨水流漂流，繼續繁衍，是因為這些緩慢移動的洋流幾乎從未改變。

因此世界上並沒有純太平洋海水，或百分之百的大西洋、印度洋和南極海海水。今日拍打維吉尼亞海灘（Virginia Beach）或拉賀亞海灘（La Jolla）的波浪，或許在數年前曾經輕拍過南極冰山的底部，或是曾在地中海的陽光下閃耀，後來經由黑暗中隱密的深海水道，來到現在的地方。由於有這些看不到的深海洋流，各海域才能融為一體。

潮來潮往

不管在哪個國家，月亮與海洋永遠關係緊密，相處和睦。
——英國歷史學家聖比德（Venerable Bede）

沒有一滴海水不受到製造出潮汐的神秘力量所支配，即使海溝最深處的海水也避不開這股力量。在影響海洋的各種力量當中，這股力量最為強大。跟潮汐相比，風浪頂多只能算是表層海水活動，深度不會超過海面以下一百八十公尺。行星流也是如此，儘管規模極大，但深度很少超過數百噚。潮汐運動所牽動到的水量十分驚人，由下述例子就可以明白：在北美洲東岸的一個小海灣帕薩馬闊迪灣（Passamaquoddy），每天有二十億公噸的海水隨著潮汐流來去，一天兩次，而在整個芬地灣則有一千億公噸。

我們在很多地方都可以發現有關潮汐的驚人事蹟，了解潮浪對整個海洋，也就是從海面到海床的影響。方向相反的潮汐流在麥西拿海峽（Strait of Messina）相遇，產生巨大的漩渦，其中一個漩渦甚至有卡律布狄斯這個稱號（Charybdis，譯註：荷馬史詩裡所描述的海中女妖），這些漩渦捲起海峽極深處的海水，所以當地魚類具有深海魚的所有特徵，除了眼睛萎縮或大得異常外，身體還密佈發光器官，這些魚時常被浪打上燈塔附近的海灘。對麥西拿海洋生物研究所（Institute of Marine Biology at Messina）來說，這整個區域蘊含了大量的深海動物資源可供研究。

流動的海水回應月球和遠處太陽的引力，潮汐因此而生。理論上甚至每一滴海水與宇宙中最遠的天體間，都有一股萬有引力在作用。但實際上，遠處天體的引力影響極小，與海洋受到月球和太陽牽引所產生的大規模潮汐現象相比，前者影響可說微不足道。住在海邊見識過潮水的人，都知道月球控制潮汐的力量比太陽大得多。這些人都曾注意到，隨著月球每天升起的時間比前一天晚五十分鐘，多數地區每天漲潮的時間也跟著延後。

潮水的高度也會隨著月亮每月的盈虧而變化。潮水起落最大的情況一個月會出現兩次，分別是在農曆朔、望月時，這時可以看到最大的滿潮，稱為大潮，漲退潮間的潮高差距最大。在這兩個時刻，太陽、月球和地球呈一直線排列，兩個天體的引力加在一起，使得潮水漲到最高，潮浪拍上海崖，大量潮水湧入港灣，停泊在碼頭旁的船隻因而高高浮起。而每個月兩次，也就是出現上下弦月時，太陽、月球和地球會排列成一個三角形，太陽和月球的引力相互對抗，潮汐漲落變得平緩，這就是「小潮」，漲退潮之間的潮差比其他任何時候都還要來得小。

太陽的質量是月球的二千七百萬倍，但是跟月球這顆地球的小衛星相比，太陽對地球潮汐的影響力卻比較小，剛聽聞這件事或許會頗為訝異，但是根據宇宙的力學定律，距離近的天體所產生的影響力，會大於距離遠但質量重的天體，科學家在做過各式數學計算後，發現月球對潮汐的影響比太陽大兩倍以上。

到海邊會察覺灣內潮水漲落情況不同於沿海岸三十公里之外的情形

潮汐其實遠比上文所解釋的還要複雜許多。太陽和月球帶來的影響不斷在改變，造成這些變化的因素包括月亮的盈虧、日月與地球的距離，還有日月各在赤道以南或以北哪個位置。由於每片水域，無論是自然形成或是人工建造，都有自己的震盪週期，因此要對潮汐有通盤的了解更是難上加難。水若受到擾動就會上下或左右波動，邊緣波動的情況最明顯，中心的波動則最小。研究潮汐的科學家現在的想法是，海裡存在著一些「海盆」，每個海盆都有自己的震盪週期，依海盆長度和深度而有差異。日月的引力就是海水波動的原因，不過波動的類型，也就是海水震盪的週期，取決於海盆的物理特性。這對潮汐有何實際影響，下文馬上就會說明。

潮汐呈現出極大的矛盾，主要的矛盾之處在於，掀起潮浪的力量來自宇宙，完全起源於地球之外，照理說對全球各處的影響應該一樣，然而各地的潮汐卻各具地方特色，即使只相隔一小段距離，差異也十分驚人。假使我們到海邊度過漫長夏日，可能會察覺到我們所住的海灣，和沿岸三十六公里外朋友所住的海邊，或是我們所熟悉的某個地方，其潮汐的起落情形彼此很大的差異。假如我們到南塔基島上避暑，在海邊划船和游泳就不怎麼需要擔心潮水問題，原因是潮水漲落的水位相差不過幾十公分而已。不過雖然同樣在緬因灣（Gulf of Maine）水域，但假使我們是選擇去靠近芬地灣頭的地方渡假，就必須適應十二至十五公尺的潮差。而如果我們去切薩皮克灣渡假，也會發現同一個灣岸的不同地方，每日漲潮時間居然可以相差十二小時之多。

事實上，各地的地形是決定「潮汐」特徵的重要因素。天體的引力使海水波動，不過潮汐起落的方式、規模和強度，卻是取決於海底的坡度、海峽的深度或海灣入口的寬度等因素。美國海岸與測量調查局有台神奇的自動控制儀器，能夠預測全球各地過去或未來任一時間點的潮汐時間和潮高，不過有個前提，必須在某個時候去當地收集資訊，以了解該處的地形特徵對潮汐運動有何影響。

潮差變化因地而迥異低至三十公分高達十五公尺

或許最驚人的差異在於潮差方面會因地而迥異，所以某地居民眼裡會造成災難的滿潮，在僅僅一百六十公里外的沿岸居民眼中，可能根本不會造成什麼影響。芬地灣的滿潮水位高居全球之冠，大潮時灣頭附近的米納斯灣（Minas Basin）海面升高約十五公尺。世界各地至少有其他六個地方潮差超過九公尺，包括阿根廷的波多加雷勾斯（Puerto

Gallegos）、阿拉斯加的庫克灣（Cook Inlet）、戴維斯海峽（Davis Strait）的佛洛比雪灣（Frobisher Bay）、流入哈德遜海峽的科克索克河（Koksoak River），以及法國的聖馬洛灣（Bay of St. Malo）。

在其他許多地方，「滿潮」可能僅代表水面升高三十公分上下，或甚至只有幾公分。大溪地的潮水升降平緩，高低潮間潮差頂多三十公分。多數海島的潮差都很小，然而去歸納哪一類地方潮水漲得高或低，絕不是種安全的做法，原因是引潮力對於相距不遠的兩地很可能造成極為不同的影響。在巴拿馬運河靠大西洋的那一端，潮差只有三十至六十公分，但在六十四公里外靠太平洋的那一端，潮差卻可達三到五公尺。觀察鄂霍次克海的情況也可以明白潮差的變化，這個海域多數地方的潮浪都很溫和，高度僅約六十公分，但有些地區潮高卻可達三公尺，其中潘金斯克灣（Gulf of Penjinsk）的灣頭，海面會升高十一公尺。

為什麼同受日月影響，有些海岸潮水會上漲十二到十五公尺，而有些地方的海面卻只上升幾公分？舉例來說，為什麼芬地灣潮浪驚人，而南塔基島雖然僅在幾百公里外，而且同屬一個海域，潮差卻頂多只有三十公分？

現代關於潮水波動的理論似乎為這類差異提供了最好的答案：各個天然海盆水面在產生震盪時都會有一個震盪中心，這個中心點幾乎完全沒有潮汐波動。南塔基島位於海盆震盪中心附近，當地海面幾乎零波動，所以潮差小。沿著這個海盆沿岸往東北方走，可以看到潮水越漲越高，鱈魚角的諾賽特港（Nauset Harbor）潮差達一公尺八十公分，格洛斯特（Gloucester）二公尺七十公分，西闊迪角（West Quoddy Head）四公尺七十公分，聖約翰（St. John）六公尺二十公分，而在愚人角（Folly Point），潮差甚至高達十二公尺。就芬地灣而言，新科斯細亞省（Nova Scotia）海岸邊的潮位，比新伯倫瑞克省（New Brunswick）同樣位置的潮位高一些，而世界最高的潮水出現在芬地灣頭的米納斯灣。芬地灣潮浪洶湧壯闊，是種種因素加總的結果。芬地灣位於震盪的海盆邊緣，此外海盆的自然震盪週期大約是十二小時，與海潮週期幾乎一致，所以在海潮的推波助瀾下，海灣內的海水不斷劇烈地波動。海灣的灣頭區域既窄又淺，大量海水湧入逐漸變窄淺的區域，這也是芬地灣潮位極高的原因。

墨西哥灣沿岸潮汐漲落平緩如古人想像的地怪平靜呼吸

潮汐的律動模式跟潮差一樣，會因海洋而異。世界各地的潮起潮落，就像日夜一樣不斷循環，但是一天究竟會有兩次漲退潮或只有一次，卻沒有定律。對熟悉大西洋的人來說（無論位處東岸或西岸），每日兩次漲退潮很「正常」。每次漲潮時，海水上漲的幅度大約與前次漲潮時相當，退潮時的潮位也大致和上次退潮時一樣。不過在墨西哥灣這個大西洋的廣闊內海，多數沿岸地區的潮汐卻有不同的律動模式，潮水起落並不明顯，潮差不超過幾十公分。在墨西哥灣沿岸的某些地方，潮汐漲落速度平緩，起伏一次大略會花上二十四小時又五十分鐘，就像古代人想像中製造潮汐的地怪在平靜地呼吸。這種「每日的律動」在世界各地都看得到，像是聖麥克（Saint Michael）、阿拉斯加和中南半島的杜桑（Do Son），當然墨西哥灣也有。至今在全球各地大部分海岸，也就是太平洋海盆大部分地區及印度洋沿岸，潮汐的律動模式為半日潮和全日潮都有的混合型。一天有兩次漲、退潮，但前次漲潮情況可能和下次漲潮差很多，第二次潮水很少漲到海面平均高度，或是兩次乾潮情況可能極為不同。

海洋不同區域對日月的引力有不同的回應，對於這個現象，似乎沒有簡單的解釋，不過，研究潮汐的科學家經過數學計算後，對此可是一清二楚。要稍微了解箇中道理，我們必須回想構成引潮力的各項獨立要素，這些要素取決於太陽、月球及地球不斷改變的相對位置。儘管各項要素對陸地與海洋的各個區域都有影響，但影響程度的差異則取決於當地的地理特徵。根據推測，大西洋海盆因地形與深度，而對引發半日潮的力量反應最大。另一方面，太平洋及印度洋則同時受到引起全日潮和半日潮的力量所影響，因而出現混合潮。

大溪地是個典型的例子，清楚說明了即使很小的區域，也可能只特別受到某一種引潮力所影響。在大溪地，據說可以藉由觀察海邊潮汐進展到哪個階段，來判斷當下的時間。這種說法儘管並不完全正確，但卻有一定的可信度。滿潮大抵發生在正午和午夜，乾潮則出現在清晨及傍晚六點，由此可知，這裡的潮汐並不受月球影響，因為月球會使得漲退潮時間每天提前五十分鐘。大溪地的潮汐為什麼是以太陽為準而非月球？最多人支持的說法是，許多海盆都會因月球而產生震盪，而大溪地這個島嶼正位處其中一個海盆的中心。由於月球引力在這個中心點所造成的影響很小，因此海水能夠完全隨著太陽的引潮力而律動。

一日長度變得與一個月沒有兩樣時月球就不會繞地球轉

假如有天宇宙中的某個觀察家決定寫一本地球的潮汐史，書中必定會提到地球的潮汐在地球誕生初期時規模最大，威力也最強，後來才逐漸轉小轉弱，未來有天，潮汐將不再起落。潮汐並非一開始就是今天這副模樣，就像地球上的種種事物，潮汐也註定會有停止的一天。

在地球生成的初期，漲潮現象必定極其壯觀。假如正如之前章節所提到的，月球是地球的地殼被扯下一塊而形成，那麼月球有一段時間必定距離地球很近。月球如今的位置，是過去約二十億年來不斷被往外推的結果。在月球與地球間距離是現今的一半時，月球對海洋潮汐的影響力是現在的八倍，當時，在某些海岸，潮差可能高達幾十或甚至上百公尺。不過在地球才剛形成的數百萬年時（假設當時深海海盆已經成形），潮汐的起伏必定遠遠超過人類所能想像。一天兩次，狂猛的潮水淹沒整個大陸沿岸地區。海浪的勢力範圍必定因潮汐而大幅擴展，波浪因而拍上高崖，湧入內陸，侵蝕大陸。地球早期四處是一片荒涼的景象，環境極差不適合居住，而上述猛烈的潮浪必定也是造成這種狀況的禍首。

在這種環境條件下，沒有生物能在岸上生存，或更進一步地到陸地上生活，除非環境改變，否則按照常理推斷，頂多只有魚類能演化出現。然而在好幾百萬年的時間當中，月球因自己所製造的潮汐所產生的摩擦力而不斷遠離。海水在海床上、大陸淺攤及內海波動，本身所蘊含的力量緩慢破壞潮汐運動，而這是因為潮浪的摩擦力正逐漸減緩地球的自轉速度。在先前談到的地球生成初期，地球以地軸為中心旋轉一圈，可能只要花大概四小時，速度比現在快很多。而今地球自轉速度已大幅減緩，正如每個人所知道的，如今地球自轉一周需要約二十四小時。根據數學家的計算，地球自轉速率會不斷下降，到最後，速度會比現在慢上約五十倍。

此外，潮汐的摩擦力也會不停發揮第二種影響，把月球越推越遠，到目前為止，月球已經被往外推了超過三十二萬公里（根據力學法則，隨著地球自轉速度變慢，月球自轉必定加速，離心力會導致月球離地球越來越遠）。隨著月球與地球間距離增加，月球對地球潮汐的影響力自然降低，潮浪的力量就會減弱，而月球繞地球公轉所需要的時間也會增加。最後當一日的長度變得跟一個月一樣長時，月球就不會再繞著地球轉，而地球上也就再也不會出現太陰潮了。

浪潮通過阿肯海峽速度如山間激流造出危險的漩渦湍流

當然要很久很久以後，這一切才有可能成真，時間久到超乎人類想像，而在此之前，人類很可能早已自地球上消失。因此這種想法給人的感覺似乎有如威爾斯風格（Wellsian）的幻想世界，與現實差距太遠，所以人們不會去思考它的可能性。不過即使就地球的歷史而言，人類存在的時間短暫，但是我們已經看得到這類宇宙演變所帶來的某些影響。一般認為現在一天的時間比巴比倫時代長了好幾秒鐘。前陣子英國的皇家天文學者（Astronomer Royal）呼籲美國哲學學會注意一件事，那就是人類很快就必須在兩種時間之間做抉擇。潮汐導致每日時間變長，而這已使得計時系統的問題更為複雜。傳統時鐘是配合地球自轉時間在運作，因此無法顯示時間變長的這個事實，不過目前正在研究的新型原子鐘則不同於其他鐘錶，將能夠精確報時。

雖然潮浪變得較為平緩，如今測量到的潮差都只有幾公尺，而非幾十公尺，但是船員關心的不只是潮汐的階段及潮汐流的情況，還包括海上與潮汐間接相關的各種惡劣海象。人類沒有一樣發明物能讓洶湧潮浪變得平緩，或控制潮汐漲落的韻律，除非遇到漲潮，海水夠深，否則就連最先進的儀器也沒辦法引領船隻開上淺灘。即使是瑪麗皇后號（Queen Mary），也必須等潮流緩和下來才能駛出紐約，否則潮汐流可能會造成瑪麗皇后號撞上碼頭，甚至沉沒。芬地灣由於潮差很大，部分港口的活動跟潮汐一樣有著規律的模式，這是因為船隻只能趁著每次漲潮時的幾小時停靠碼頭裝卸貨，並且要在退潮前及時離開，以免擱淺在乾潮時的泥濘中。

潮汐流在受到狹窄水道限制或遭遇方向相反的風、浪時，常以難以遏抑的力道一路前進，有些最危險的航道因而誕生。只要參考全球各地的《沿岸引航》（Coast Pilots）及《航行指南》（Sailing Directions），就能了解這類潮浪對航行所造成的威脅。

戰後出版的《阿拉斯加指南》（Alaska Pilot）當中寫道：「對於在阿留申群島附近的船隻而言，潮汐流所帶來的威脅比其他危險更大，不過目前尚無調查結果足以證明這點。」猶那加（Unalga）與阿庫坦（Akutan）航線，都是船隻從太平洋進入白令海最常使用的航路，這裡的潮汐流威力強大，即使離岸好一段距離仍能感受得到，常有船隻因此而意外觸礁。漲潮時潮水以排山倒海之勢通過阿肯海峽（Akun Strait），製造出許多危險的漩渦湍流。在這些航道，潮流若是遇上方向相反的風或浪，就會激起滔天巨浪。《領航員》期刊提出警告：「船隻必須有所準備，因為浪濤會打上船來。」離岸流可能突然掀起四公尺半高的浪打上船來，已經不只一人遭大浪捲走而死在海裡。

漁夫如接近漩渦會把巨大物丟進去以渡過危機

在世界的另一端，來自開闊大西洋的潮水，向東擠過謝德蘭群島與奧克尼群島之間，進入北海，而後在退潮時經由同一條狹窄通道返回原處。在潮汐漲落的某些階段，海裡會出現危險的漩渦，有的奇特地向上隆起，有的則中間下陷形成害人的窟窿。即使天氣晴朗，船隻出海也得注意避開彭特蘭灣知名的「史威基漩渦」（Swilkie），在退潮又吹西北風時，史威基漩渦會掀起狂濤巨浪，危害附近船隻，「曾經遭遇過史威基漩渦的船，通常會小心翼翼，避免再遇到第二次」。

艾德嘉．愛倫坡（Edgar Allan Poe）將潮汐可怕的面貌化為文學作品，寫下《大漩渦沉溺驚魂》（Descent into the Maelstrom）一文。只要是看過這個故事的人，幾乎都難以忘記其中的情節──老人領著同伴登上臨海的高崖，讓他親眼目睹下方海水在島嶼間的狹窄通道裡，翻滾激騰、泡沫飛濺的情景，突然之間漩渦在他的眼前成形，呼嘯奔騰通過窄小的水道。而後老人訴說自己是怎麼被捲入漩渦，又是怎麼奇蹟似地逃脫。大多數的人會懷疑故事裡的情節哪些是真的，哪些是愛倫坡豐富想像力的產物。而愛倫坡所說之處確實有個大漩渦，就位在挪威西岸外海羅浮敦群島的兩座島嶼之間，正如愛倫坡所描述，這個漩渦非常的巨大，也可能是由許多漩渦所組成，事實上就曾經有人被連人帶船捲入迴旋的漩渦中。

雖然愛倫坡誇大了部分細節，但他的描述確實以事實為根據，證據就在《挪威西北與北方海岸航行指南》（Sailing Directions for the Northwest and North Coasts of Norway）這本實用、內容又詳盡的書裡：

> 談到位於莫斯肯島（Mosken）與洛夫妥登島（Lofotodden）之間的大漩渦，雖然其危險性的傳言太過誇張，但這個漩渦仍然是羅浮敦群島最容易出意外的渦流，這裡水流極為激烈，主要是因為地形起伏不定……隨著潮流威力增強，波濤更加洶湧，水流流向也更為紊亂不定，龐大的漩渦因而形成。在這段期間，所有的船隻都不該駛近。
>
> 這些漩渦的形狀就像倒過來的鐘，開口又寬又圓，越往下就越窄。剛成形時最大，隨著潮流移動，一路越變越小，最後消失無蹤。在一個消失前，又有兩、三個以上的漩渦形成，一個接著一個，就像海面上一個個坑洞……漁夫證實，假如他們注意到自己正接近漩渦，而且有時間把槳或其他龐大物體丟進去，就能安全渡過危機。道理在於把東西丟進漩渦中，就能中斷水流旋轉，這時水會迅速從四方湧入，

填滿漩渦的凹陷處。同理可證，風力強勁時，波浪會碎裂，儘管海面上可能還是有個在旋轉的圓形渦流，但是渦流的中心不會凹陷。在薩斯屯（Saltström）常有人船被捲入這些漩渦，造成許多死傷。

海水像瀑布傾洩而下泡沫飛濺打在自身及河面上

在潮汐帶來的特殊現象當中，最為人所知的或許要屬湧潮了，全世界有六個以上的地方以會產生湧潮而聞名。漲潮時大量潮水化為一個波浪，或最多兩、三個波浪湧入河口，波形又高又陡。湧潮要形成有幾個條件：潮差必須很大，河口要有沙洲及其他障礙物，如此潮水才會受阻，不斷蓄積，最後集中向前奔騰。亞馬遜河可能同時間內有多達五道潮流形成湧潮逆河前進，因此能溯河而上將近三百二十公里，十分驚人。

錢塘江東流進入東海，江上所有船運活動都必須視湧潮情況而定，這裡的湧潮是世界上最大、最危險，也是最有名的。古代中國人會將祭品丟入河中，以求湧潮平息，由於錢塘江河口泥沙淤積的情況不斷改變，因此湧潮的規模與洶湧程度，似乎每個世紀都不一樣，或甚至每十年就會產生變化。如今，在每個月大部分時間裡，湧潮會掀起二到三公尺高的浪潮溯江而上，以二十二到二十四公里的速度前進，「波浪就像泡沫形成的瀑布，向前傾瀉，打在自身及河面上」。在朔、望月大潮出現期間，錢塘江潮的力量完全展現，據說這時潮浪的波峰會比河面高上七公尺半。

北美洲也會出現湧潮，不過沒有錢塘江海潮壯觀。蒙克頓（Moncton）新伯倫瑞克省的珀蒂科迪亞克河（Petitcodiac River）就有湧潮，不過只有在朔、望月出現大潮時湧潮的規模才會比較驚人。在阿拉斯加庫克灣的坦納根海灣（Turnagain Arm），潮水總是漲得很高，潮流強勁，在某些情況下，滿潮會形成湧潮，由於波高可能達一到二公尺，對小船來說極為危險，所以湧潮發生時，船主會將船隻拖到比淺灘高很多的地方。在湧潮出現前大約半小時就能聽到聲音，潮浪前進的速度很慢，所發出的聲音就像是海浪碎裂在沙灘上的聲音。

在世界各地都可以看到潮汐對海洋生物及人類的影響。無數的附著動物，像是牡蠣、珠蚌和藤壺，都是倚賴潮水才得以生存，這些動物無法自行覓食，於是倚賴潮浪把食物送上門。潮間帶生物為了適應險惡的環境，演化出奇特的外形和結構，生活於潮間帶，不但隨時可能乾渴而死，或是被浪衝走，還會受到來自海洋及陸地的敵人威脅，而且極為脆弱的身體組織也必須能承受風暴下浪潮的侵襲，這些浪潮的威力足以搬移好幾公噸重的岩石，或是沖毀最堅硬的花崗岩。

磯沙蠶離開巢穴產下卵
數量之多足以使海面變色

不過最特殊而微妙的變化，卻是有些海洋動物會將自己的繁殖週期，調整到與月亮圓缺、潮汐起落的規律一致。在歐洲已證實牡蠣的繁殖活動在大潮時，也就是朔、望後約兩天達到顛峰。在北非海域，有一種海膽會在滿月之夜（而且顯然只有在這個晚上）釋放出生殖細胞。而在全球許多熱帶海域，都有許多海生小蟲的繁殖行為完全配合潮汐週期，因此只要觀察這些小蟲，就能知道當天是幾月幾號，通常連當時幾點也可以藉此判斷出來。

太平洋的薩摩亞（Samoa）附近有一種名為磯沙蠶（palolo worm）的生物，生活在淺海地區海底的岩洞和珊瑚礁群之間。這種生物一年會離開巢穴兩次（分別是十月和十一月下弦月引發小潮的期間），成群的磯沙蠶浮上水面，數量多到佈滿整個海面。為此每隻磯沙蠶會將身體一分為二，一半留在原本的岩穴，一半帶著卵浮上海面排放。牠們一般在下弦月前一天的拂曉行動，隔天繼續，在產卵的第二天，海面蟲卵的數量會多到讓海洋變色。

斐濟海域裡也有類似的海蟲，當地人稱之為「沙蠶」（Mbalolo），他們依據這些海蟲繁殖的時間，將十月繁殖的稱為「小沙蠶」，十一月的則稱為「大沙蠶」。吉爾伯特群島附近也有類似的生物，會在六月和七月對月亮的某些盈虧階段有所回應，而馬來群島有種跟沙蠶有親緣關係的海蟲，牠們會在三月和四月滿月後的第二和第三個晚上，也就是潮水漲到最高時，成群浮上海面，至於日本沙蠶則是會在十月和十一月朔、望過後成群地湧出水面。

仔細思考這些生物的情況，有個問題再度浮現，但仍舊得不到解答：潮汐的狀態是否以某種未知的方式影響到這些生物，使得他們產生上述行為？或者更不可思議的，這是月球所引發的現象？若是海水的壓力及其律動促使這些生物出現這種反應，從這個角度來理解比較容易，不過為什麼一年當中只有某幾次潮汐才會造成這種影響？又為何有些生物是在潮水漲到最高時繁衍，而有些則是在水位最低時？至今尚未有人能回答這些問題。

銀漢魚隨著波峰來到海灘在月光下閃閃發亮

有種閃亮的小魚名為銀漢魚，身長大約相當於人的手掌，牠們的繁殖活動完全配合潮汐的規律，沒有其他生物比得上。沒人知道銀漢魚曾經歷哪些演化過程，也沒人知道這些過程歷時幾千年，總之最後銀漢魚不僅清楚潮汐每日的規律，也熟悉潮水每個月的週期，知道哪幾次漲潮會比一般來得高。由於銀漢魚的繁殖習慣完全配合潮汐的規律，因此這個物種的生存完全取決於配合的精確度。

從三月到八月，在每次滿月後不久，銀漢魚就會隨著波浪現身於加州海灘。潮水先是漲到滿潮線，而後漲勢減弱、停止，接著開始消退，就在這個時候，銀漢魚出現在退潮的潮浪中。牠們隨著波峰來到海灘上，身體在月光下閃閃發亮，在潮濕的沙灘上躺了一段時間之後，再躍入下一波打上岸的海浪回到海裡。在漲潮轉變為退潮後，這種情況會持續一個小時左右，無數銀漢魚離水來到沙灘上，而後重返大海。這就是此物種的繁衍方式。

在一道道波浪間的短暫間隔時間裡，雄魚和雌魚一起來到潮濕的沙灘上，一個產卵，一個使卵受精，接著牠們回歸海洋，留下一堆卵埋在沙裡。當晚一波波浪潮並不會沖掉這些卵，因為那時已經是退潮的時候。而由於在滿月後有段時間，每次漲潮到達的高潮位都會比前一次低，因此下一次漲潮的波浪也不會對這些卵造成影響。所以這些卵會有至少兩個禮拜的時間不受驚擾，在溫暖、潮濕的沙地裡孵化成魚。僅僅兩個禮拜，這些受精卵就會神奇地孵化出小魚，而這些完全成形的小銀漢魚仍包著卵的薄膜埋在沙裡，等待自由的一天。新月潮漲時，自由的時刻來臨，潮浪掃過小銀漢魚群所在之處，迴旋奔騰，深深攪動沙地。沙被沖掉後，銀漢魚卵感覺到冰冷的海水，薄膜破裂，小魚孵出，最後隨著帶來自由的波浪進入大海。

旋渦蟲依照潮汐動作
退潮時爬出來待漲潮再鑽回沙裡

雖然很多生物的繁殖都跟潮汐有關係，但我腦海中印象最深的，卻是一種體型很小的蟲，這種蟲名為旋渦蟲（Convoluta roscoffensis），身體扁平、外表平凡無奇，但卻具有一項讓人難忘的特質。牠們生活在北布列塔尼與海峽群島（Channel Islands）的沙灘上，與綠藻之間有著奇特的共生關係，這種海藻的細胞寄生在旋渦蟲的身體裡，旋渦蟲的組織因而呈現出綠藻的顏色。旋渦蟲僅以寄生海藻所製造的澱粉為食，由於完全仰賴這種方式吸取營養，所以消化器官退化。海藻細胞必須靠陽光才能進行光合作用，因此只要潮水一退，旋渦蟲就從潮間帶的潮濕沙地裡爬出來，於是沙地上出現了大片大片由數千隻旋渦蟲所構成的綠斑。在潮水退去的那幾個小時，旋渦蟲就這樣躺在陽光下，海藻則趁機製造澱粉和糖分，不過在開始漲潮後，旋渦蟲就必須再度躲入沙中，以免被沖到深海裡。因此旋渦蟲一生都照著潮汐的起伏而行動——退潮時爬出來享受陽光，漲潮時再鑽回沙裡。

旋渦蟲最令我難忘的地方在於，有時海洋生物學家為了研究某個相關問題，會把一整群旋渦蟲移到實驗室的水族箱裡，那裡雖然沒有潮汐漲落，不過旋渦蟲卻還是會每天從水族箱底的沙裡爬出來兩次，接觸陽光，然後再躲回沙中。旋渦蟲沒有腦，沒有所謂的記憶，甚至沒有任何明確的感知，但是牠們還是繼續在這個不熟悉的地方過著自己的日子，用牠們綠色小身軀的每個細胞，記住遠方潮汐的韻律。

世紀冷與熱

暴風出於南宮，寒冷出於北方。

——〈約伯記〉

巴拿馬運河興建案一提出，歐洲便出現嚴重的反對聲浪，尤以法國為甚，他們控訴，運河會使得赤道洋流流失到太平洋，導致墨西哥灣流消失，歐洲的冬天也冷得令人招架不住。憂心忡忡的法國人對海洋現象的預測雖然完全錯了，但他們體認到的主要原則是正確的——氣候和海洋環流循環模式有密切的關係。

不斷有人提出改變洋流模式的計畫，希望從而調整氣候。據說有些計畫要讓亞洲海岸的寒流親潮轉向，有些計畫則是要控制墨西哥灣流。一九一二年，有人呼籲美國國會撥款，從雷斯角（Cape Race）向東建立橫跨大西洋大瀨區的防波堤，以阻擋北極南下的寒流。提倡這個計畫的人認為，這麼一來，灣流會更偏近北美大陸，冬天也會隨之變暖。撥款並未通過，即便有經費，也不表示當時或之後的工程師有辦法控制洋流的流動。所幸如此，因為這些計畫的結果將與大眾期望相違。其實灣流若更接近美洲東岸，冬天氣候會更惡劣，而非較怡人。北美大西洋沿岸的盛行風是向東吹的，由內陸吹向海洋。墨西哥灣流上方的氣團很少抵達美國，但灣流本身含有的溫暖海水，卻確實對美國氣候有所影響。冬天的寒風會因為引力，吹向暖水所在的低氣壓區。一九一六年冬天，墨西哥灣流的溫度高於正常值，而那年美國東岸寒冷多雪，大家記憶猶新。如果墨西哥灣流更靠近岸邊，結果將導致冬天從內陸吹來的風更強更冷，天氣不會變得更暖。

但如果美國東岸的氣候並不是由墨西哥灣流所控制，位在「灣流下游」的地區情況就會大不相同。正如我們所見，灣流在盛行西風推動之下，從紐芬蘭淺灘（Newfoundland Banks）向東流，並且幾乎同時分成數條分流，其中一條向北流到格陵蘭西岸，融化東格陵蘭洋流（East Greenland Current）帶到費威角（Cape Farewell）的冰。另一股則流向冰島西南岸，為冰島南岸帶來溫暖，最後消失在北極海海域。墨西哥灣流的主流（或稱北大西洋洋流）則是向東流，之後又很快分成好幾股。最南的一股流向西班牙和非洲，之後回歸赤道洋流。最北的分流則在冰島低壓帶的風吹動之下，加速向東流去，並聚集在歐洲海岸，因此與全球相同緯度的地區相比，歐洲沿岸的海水最溫暖，比斯開灣（Bay of Biscay）北部最能感受到其影響。

這股洋流在沿著北歐沿岸朝東北方流時，又分出許多支流，這些支流向西回流，為北極島嶼帶來溫暖的氣息，最後與其他洋流交融在複雜的漩渦中。斯匹茨卑爾根西岸因其中一股支流而溫暖，雖位於北極圈，夏天依然能看見百花爭妍，但極地洋流行經的東岸就是一片荒蕪。暖流行經北角（North Cape），哈默費斯特（Hammerfest）與莫曼斯克（Murmansk）等港口因而一年四季都開放，不過向南一千二百公里波羅的海海岸的里加（Riga）卻是冰天雪地。北大西洋洋流最後流到北極海新地島的附近，消失在北方滔滔的冰冷海水中。

海洋是儲存太陽能的銀行 日照過剩時儲存而不足時領取

墨西哥灣流必然是股暖流，但溫度每年不同，而且似乎只要稍有變動，就會大大影響歐洲的溫度。英國氣象學家布魯克斯（C.E.P. Brooks）把北大西洋比喻作「一個大浴缸，有一個熱水龍頭、兩個冷水龍頭。」熱水龍頭是墨西哥灣流，而冷水龍頭則是東格陵蘭流與拉布拉多寒流。熱水龍頭的流量與溫度都會改變，冷水龍頭的溫度幾乎恆定，但流量變化很大。這三個水龍頭有任何變化，都會影響到東大西洋海面的溫度，並對歐洲的天氣及北極海域影響甚劇。例如，如果東大西洋冬天比較暖和一點，覆蓋西北歐的冰雪就會提早融化、大地會提早解凍，春耕可以更早開始，而收穫也會更好。這也表示春天冰島附近幾乎不會有什麼冰，巴倫支海的浮冰在之後一、兩年內也會減少。歐洲科學家對於這些關係早就了然於心。或許未來預測歐洲大陸的長期天氣時，海洋的溫度能當作部份依據。不過要定期對面積夠大的海域收集溫度資料，目前仍有困難。

一九五〇年代，記錄水溫的工具有了驚人的進步。只要在一艘船後面裝上熱敏電阻測溫鏈，就能持續記錄數十公尺深的水溫。電子深溫計基本上可測得任何深度的溫度，只要繩索夠長即可。電子深溫計是原來的深溫計大幅改良的成品，如此甲板上的記錄器就可在船隻航行時，持續繪出所測得的溫度圖表。另一項研究海水溫度的革命性發展，是機載輻射溫度計，可在飛機於海上飛行時記錄海面溫度，精準度可達小數點。海洋學家認為這項工具尚在發展階段，未來還可以更精準。不過科學家在追蹤灣流邊線時，已證明機載輻射溫度計非常有用。一九六〇年，伍茲霍爾海洋研究所曾針對墨西哥灣流進行研究，當時就是利用飛機低空飛行橫越四萬八千公里的海面，取得灣流在不同區域的海面溫度資料。

若以全球的角度來看，海洋是很大的溫度調節器，也最能穩定溫度。海洋可說是「儲存太陽能的銀行，能在日照過剩的季節儲存陽光，日照不足時提領。」如果沒有海洋，地球冷熱溫度會相差極大，大到令人難以想像。海水覆蓋地球表面積四分之三，性質特殊，吸熱與散熱的能力優越。由於海洋能夠儲存大量熱能，因此能吸收大量太陽能，而不會變「燙」，也不會在散失許多熱能時變「冷」。

空氣在風的推力下抓起海面掀起波浪並把洋流往前推進

透過洋流的作用，冷熱能夠分佈到數千公里之外。發源自南半球信風帶的暖流即便經過了一年半，流經一萬一千公里以上，特性還是很明顯，所以追蹤並非什麼難事。海洋可以重新分配熱能，以彌補地球日照不均的情形。洋流把赤道溫暖的水流帶到兩極，並藉由拉布拉多洋流和親潮之類的海面漂流，以及更重要的深海洋流，把冷水帶回赤道。整個地球熱能重新分配，一半是靠洋流，另一半則是靠風。

海水佔地球表面積的絕大部分，所以與上方空氣直接接觸的範圍很大，兩者間不停地互動，這些互動非常重要。大氣層會影響到海洋的冷熱。大氣吸收蒸發作用所產生的水蒸氣，大部分鹽分留在海中，海水的鹽度因而提高。包覆整個地球的大氣重量會改變，因此海面上所承受的壓力也隨之變化，氣壓高的地方海面會受到擠壓，氣壓低的地方海面則會升高。由於風的流動，海面受空氣影響掀起波浪，洋流也是在風的吹拂下往前推進，迎風面的海平面受風壓而降低，背風面的海平面則升高。

然而海洋對大氣影響更大。海洋能調節大氣的溫濕度，相較之下，空氣傳遞給海面的熱能顯得微不足道。水要上升攝氏一度，所需的熱能是同等體積的空氣上升攝氏一度的三千倍。一立方公尺的水降低攝氏一度所釋放的熱，能讓三千立方公尺的空氣上升攝氏一度。另外若一公尺深的水下降零點一度，則可使三十三公尺厚的空氣上升十度。氣溫和大氣壓力的關係極為密切，空氣冷的地方氣壓通常很高，空氣暖則有利於低氣壓形成。因此海洋與空氣間熱能轉移，會改變高壓帶與低壓帶，深深影響風的行進方向與強度，也會影響暴風行進路徑。

海上大約有六個永久的高壓中心，南北半球各三個。這些區域不僅控制鄰近陸地的氣候，也影響整個世界，因為高壓中心是全球多數盛行風的發源地。信風就是源自於南北半球的高壓帶。信風吹過海面廣大的區域，風向始終保持不變，唯有吹到大陸上才會遭到阻礙，風向產生變化。

海洋的其他區域有低壓帶，通常在溫度比附近陸地高的水域形成，冬天尤其如此。這些地方常引來快速移動的低氣壓或氣旋風暴，它們快速穿越這些區域，或者掃過其邊緣。所以冬天暴風的路徑是穿過冰島低壓帶、謝德蘭群島及奧克尼群島，進入北海和挪威海域，其他風暴則受到斯卡格拉克（Skagerrak）和波羅的海等地的低壓帶所牽引，進入歐洲內陸。或許最能影響歐洲冬天氣候的，就是冰島南方溫暖水域的低壓帶。

濕潤的海風捎來溫和的氣候 賜予沿岸雨量豐厚的雨林

海域與陸地的降雨多來自海洋。海水蒸發的水蒸氣，隨風而行，在溫度改變之後形成降雨。歐洲的雨水大多來自大西洋。在美國，墨西哥灣和西大西洋熱帶海域的水蒸氣與暖空氣乘著風上升，抵達密西西比河谷，成為美國東部主要降雨來源。

一個地方究竟會變成溫差奇大的大陸性氣候，或能夠獲得海洋的調節，其實和接近海洋與否無關，而是與洋流、風向及大陸的地勢起伏有關。北美東岸甚少受到海洋的恩澤，因為盛行風是來自西邊，但是太平洋沿岸正好位於迎風面，受越過數千公里海洋而來的西風吹拂。太平洋濕潤的海風讓氣候變得溫和，賜予卑詩省、華盛頓州與奧勒岡茂盛的雨林。而來自太平洋的海風由於受到與海岸線平行的海岸山脈阻擋，影響範圍僅限於狹窄的沿岸一帶。歐洲就不同了，海風在歐洲大陸上暢行無阻，「大西洋型氣候」深入內陸數百公里。

另一種情形看似弔詭，世界上有些地區的沙漠型氣候，是因為靠近海洋而形成。說來奇怪，乾燥的阿他加馬（Atacama）和卡拉哈里（Kalaharu）沙漠其實都靠海。要形成臨海沙漠區，必須結合以下條件：盛行風經過西岸，而沿岸有寒流行經。南美洲的西岸有寒冷的漢保德海流（大量太平洋海水回流赤道），經智利與秘魯外海往北流。這股寒流靠著深層海水的湧升流而維持寒冷。由於海邊這股冰冷海流，該區域氣候因而非常乾燥。涼爽海面上的涼風，在午後會吹向炎熱的土地，進入陸地之後，會順著岸邊的高山上升，隨著高度越高，溫度就越低，儘管地面酷熱，但對逐漸上升的空氣卻沒有增溫的效果。所以水蒸氣幾乎無法凝結，雖然該區總是雲霧繚繞，彷彿馬上就要下雨，但只要漢保德海流繼續維持原本路徑，那就永遠不可能降雨。從阿里加（Arica）到卡德拉（Caldera）一帶，年雨量通常不超過二十五毫米。這個區域的氣候一直處於完美的平衡狀態，重點是要能平衡才算完美。一旦漢保德海流稍微偏離，後果將不堪設想。

但是漢保德海流卻會受到來自北方的熱帶洋流所影響，而不定期地偏離南美大陸，災禍也隨之發生。這整個地區的經濟是依當地乾燥的氣候發展而成，但是聖嬰年（和前述暖流同名）卻降下暴雨，赤道地區滂沱的大雨造成祕魯海岸乾燥山坡的土壤流失。泥土遭到沖刷，土造房舍被沖垮，農作物也摧毀殆盡。海上的情形更嚴重，漢保德海流裡的冷水動物因為接觸到溫暖海水而生病、死亡，而靠著捕食冷水魚類維生的鳥類，要不就是遷徙，否則就得餓死。

非洲沿岸受本吉拉洋流洗禮的地區，也位於山海之間。那裡有乾燥下沉的東風，而來自海洋的涼風在碰到炙熱的地面時，蓄積水分的能力會提昇，冰冷的海水上會形成雲霧湧向岸邊，不過一整年下來，降雨量卻寥寥無幾。在渥維斯灣（Walvis Bay）的史瓦克蒙（Swakopmund），年平均雨量僅十八毫米，但也只有在本吉拉洋流流經非洲西岸時才是如此，本吉拉洋流也和漢保德海流一樣有衰退的時候，災難也會隨之而來。

南極刮著強風而溫暖都被吹跑 北極圈卻綻放繽紛的花朵

南極與北極這兩個天差地別的地方，最能漂亮地展現出海洋的改造能力。北極幾乎是由陸地包圍而成的海，南極則是被海洋所包圍的大陸，這已是眾所皆知的事。兩極各是陸地與海洋，是否對地球物理有深遠影響仍是未定之說，不過對兩地氣候所形成的影響，卻是十分明顯。

冰天雪地的南極大陸，四周圍繞著同樣冰冷的海水，並由極地反氣旋所控制。陸地上颳著強勁的風，任何想帶來溫暖的力量都會被吹跑。這個嚴酷世界的平均氣溫從未上升到零度以上。光禿禿的岩石上長著地衣，或灰或橘的植物覆蓋了荒無的峭壁，冰雪上則隨處可見耐寒的藻類，點綴出小小的紅斑。苔蘚躲在吹不到風的山谷或岩縫中，至於高度較高的植物，只是稀稀落落地長在這塊土地上。這裡沒有陸生哺乳類，南極大陸的動物群只有鳥類、無翅蚊子、一些蒼蠅，以及小蟲子。

北極圈的夏季正好形成強烈對比，這時凍原上綻放五顏六色的花朵，顯得繽紛亮麗。除格陵蘭的冰帽和一些北極島嶼之外，各地夏天的氣溫都夠高，足以讓植物生長，所有的植物都趕著在這短暫溫暖的夏天中努力長大。極地植物的生長並不是受限於緯度，而是海洋。正如前文提到，北極海是由陸地環繞，而強勁溫暖的大西洋洋流就是從格陵蘭海這個大缺口流入北極海。暖和的大西洋海水進入冰冷的北極海域，帶來暖意，使得北極與南極的天氣與地表景觀，屬於兩個完全不同的世界。

海水往內海擠壓時海洋鹽水會沉降 讓表層淡水翻滾上來

日復一日、年復一年，海洋控制著世界的氣候。那麼在地球漫長歷史中，長期氣候變遷，如冷熱、乾澇時期的交替，是否也由海洋所造成？有個很吸引人的理論指出，海洋確實有這種能力。這項理論主張，海洋深處的變化與氣候的循環變動有關，因而影響人類歷史。該理論是瑞典傑出的海洋學家奧托·彼德森（Otto Pettersen）所提出，他於一九四一年以九十幾歲的高齡辭世。彼德森在許多研究報告中闡述理論的不同面向，一點一滴拼出完整的理論。許多同儕科學家對其印象深刻，但有些則抱持懷疑的態度。那個年代，很少人能夠理解深海海水的活動情形。現在我們可以用現代海洋學與氣象學檢驗他的理論，最近布魯克斯才說：「彼德森的理論以及太陽活動，現在似乎都能找到充分的證據支持，自西元前三千年至今的氣候變化，主要是受這兩大因素所影響。」

檢討彼德森的理論，是在回顧人類的歷史，看看人類和國家如何受自然力量所控制，而他們卻不甚明瞭這些力量的本質，甚至未察覺到這些力量的存在。彼德森的理論是基於他自身的經歷而自然發展出來的。他出生於波羅的海沿岸，也在這裡過世，享年九十三歲。當地的水文情況複雜奇妙。他的實驗室位在一座陡峭的岩壁上方，可俯瞰加瑪峽灣（Gulmarfiord）的深海，而實驗室儀器則記錄著這個波羅的海入口的種種深海異象。海水流入內海時會沉降，表層淡水因而翻滾上來，在深海中，鹽水與淡水接觸的地方有一明顯的不連續面，就像海、天之間的界線。彼德森的儀器每天都顯示該區域的海水活動規律而激烈，也就是說深海有大量海水湧入，這種現象每十二小時出現一次，而後消退。彼德森很快證實該現象與每日潮汐有關，所以他稱之為「月波」（moon waves），而後他經年累月測量深海波動的規模及規律，發現它與潮汐不斷變動的週期，有很清楚的關係。

在加瑪峽灣有些深海波動波高可達三十公尺。彼德森認為，這些深海波浪是潮汐波衝擊北大西洋海底中洋脊而形成，猶如深海海水受日、月牽引，大量的高鹽度海水形成海波，翻騰湧入峽灣以及海岸邊。

發生大潮的世紀
也是自然界發生驚人事件的時期

彼德森根據他對深海潮波的研究，很自然地推想到另一個問題——瑞典鯡魚業的起起落落。他的故鄉波胡斯蘭（Bohuslan）在中世紀時曾是漢撒商業同盟（Hanseatic）的主要鯡魚漁場。整個十三、十四與十五世紀，位於波羅的海入口的桑得（Sund）與貝爾茲（Belts），都因為這個大漁場而成為主要漁業中心，斯卡諾（Skanor）與法斯特波（Falsterbo）也空前繁榮，帶來財富的銀亮鯡魚，彷彿取之不盡。然而捕魚業突然沒落，因為鯡魚突然退到北海，不再進入波羅的海入口，於是荷蘭發了財，瑞典陷入貧困。為什麼鯡魚不再前來？彼德森認為他知道答案，答案就在他實驗室裡那支於滾筒上來回移動的筆上，這支筆記錄著加瑪峽灣深處的潮波運動。

他發現海底波浪的高度與強度會隨著日月的引潮力而變動。藉由天文學計算，他知道潮汐在中世紀末的力量最強，當時波羅的海的鯡魚業正盛極一時。那時候太陽、月球與地球在冬至的位置，恰好對海面形成最大的引力。這三個天體之間這種特殊的排列方式，每十八個世紀才會出現一次。就在中世紀末，海底下的巨波以非比尋常的力量，湧進狹窄的通道，流入波羅的海，鯡魚群也隨著大量海水湧入。而後潮波逐漸變弱，鯡魚就留在波羅的海外的北海了。

之後彼德森了解到另一件非常重要的事實——發生海底巨波的時期，在自然界也發生「驚人且不尋常的事件」。北大西洋多處被北極的冰封住，北海和波羅的海沿岸也遭到嚴重的洪水侵襲而荒廢。冬天「酷寒」，嚴苛的氣候使得地球上有人居住的區域，都發生了政治與經濟災難。這些事件與深海大量海水移動是否有關？深海裡的浪潮除了影響鯡魚，是否也影響了人類的生活？

彼德森從這個想法出發，他聰明的腦袋推論出氣候變異的理論，並於一九一二年發表〈史前與歷史上的氣候變異〉（Climatic Variations in Historic and Prehistoric Times），在這篇很有意思的論文中提出這個理論。他匯整科學、歷史以及文學證據，說明溫和與嚴酷的氣候交替出現，與海洋潮汐的漫長週期相符。全世界最近一次的最大潮，也是氣候最惡劣之時，是出現在一四三三年，不過所造成的影響在那一年的前後數個世紀都能感受到。最小潮的影響於西元五五〇年左右最明顯，並會在二四〇〇年再度發生。

十四世紀初的冬天
狼群從挪威踏過冰原前往丹麥

最近一次氣候溫和的時期裡，歐洲海岸以及冰島、格陵蘭周圍海域都少有冰雪。那時候維京人自由自在地在北海遨遊，僧侶在愛爾蘭和「杜里」（Thyle，即冰島）之間往返，英國與北歐各國的往來也相當容易。根據《北歐傳奇》（Sagas）記載，紅髮艾瑞克（Eric the Red）航行到格陵蘭：「他來自海上，在冰河中央登陸，之後沿著海岸往南走，看看這塊土地是否能夠居住。第一年他就在艾瑞克島（Erik's Island）上過冬……。」當時可能是西元九八四年。《北歐傳奇》裡並未提到，艾瑞克在那幾年探索這座島時曾被浮冰阻礙，也沒提到格陵蘭附近，或者格陵蘭和酒鄉（Wineland）之間有浮冰。《北歐傳奇》裡面提到艾瑞克的路線，是從冰島出發直向西行，之後沿著格陵蘭東岸往南，但是這條航線在近幾個世紀根本無法通行。十三世紀，《北歐傳奇》首次警告想航行到格陵蘭的人，不要直接從冰島西邊出發，因為海上有冰，但是當時也沒有提供其他航線。然而到了十四世紀末，舊航線已被捨棄，新的航海指示則建議船隻偏西南方航行，以免受冰阻礙。

早期的《北歐傳奇》也提及，格陵蘭曾種植大量品質極佳的水果，也說到可放牧的牲口數量。挪威人當時就住在現在的冰川尾端。愛斯基摩傳說中的古老房舍與教堂，現在都埋在冰下。丹麥國家哥本哈根博物館所派出的考古遠征隊，並未找到古時記錄中的所有村莊。不過從古蹟出土的文物皆明確指出，殖民時期的氣候絕對比現在溫和。

但是到了十三世紀，溫和的氣候開始轉壞。愛斯基摩人開始掠奪，造成許多動亂，或許是因為北邊海豹獵場結冰，導致糧食短缺。他們攻擊鄰近今天愛莫瑞立克峽灣（Ameralik Fiord）的西邊殖民地，而一三四二年一支官方代表團從東方殖民地出來搜尋，卻沒找到任何一個殖民者，只剩下少數牲口而已。一四一八年之後，東方殖民地也遭到掠奪摧毀，房舍與教堂都付之一炬。或許格陵蘭殖民地遭受如此命運，部分是因為從冰島和歐洲出發的船要抵達格陵蘭越來越不容易，殖民者只能靠自己。

十三、十四世紀，格陵蘭氣候嚴寒，歐洲本土的氣候也出現同樣的改變，因而發生許多不尋常的事件和嚴重天災。荷蘭沿海地區毀於洪水，而根據冰島古老的記錄，一三〇〇年代初期的冬天，狼群從挪威踏過冰原前往丹麥。整個波羅的海都結冰，堅硬的冰成了一座橋，連結瑞典和丹麥的島嶼。行人和馬車穿越結冰的海，而結凍的海上還有客棧來讓他們休息。波羅的海凍結，似乎也讓形成於冰島南方低壓帶的暴風改變路徑。因此南歐出現了不尋常的暴風雨、欠收、飢荒與貧困。冰島文獻記載了十四世紀許多火山爆發與其他嚴重天災的故事。

海水倒灌且冰雪封鎖都是海洋環流位置錯亂所造成

那麼根據潮波論，前一次氣候變得嚴寒、暴風雨肆虐的時期，也就是約西元前三到四世紀，發生了什麼事？從早期的文獻與民間傳說中可略窺一二。北歐陰暗憂愁的《詩體埃達》（Edda），說的是無止境冬天（Fimbul-winter）或眾神的黃昏（Götterdämmerung）這場災難，冰天雪地的情形持續了很長一段時間。古希臘航海家皮希亞斯（Pytheas）在西元前三三〇年航行到冰島北方海域時，稱那裡為「mare pigrum」，意思是不流動的冰凍之海。古早歷史也清楚記載了北歐民族不停的遷移，時間正好吻合暴風雪、洪水等天災發生的時期，這些災難迫使他們遷徙，這群「野蠻人」南遷，動搖羅馬的政權。大規模的海水倒灌摧毀條頓人與辛布安人在日德蘭半島的家園，使他們往南遷移到高盧。根據德魯伊人（Druids）的傳說，他們的祖先來自萊茵河遙遠的彼端，後來因敵族及「海水大舉入侵」而逃離家園。大約在西元前七〇〇年，琥珀（原產於北海沿岸）貿易線突然轉向東邊舊航線沿著易北河、威西河與多瑙河而下，經過布倫那隘道（Brenner Pass）抵達義大利，新航線則是順著維斯特拉河（Vistula），表示當時琥珀的產地在波羅的海。或許洪水摧毀了先前的琥珀產地，正如十八個世紀之後，洪水入侵這些地區一樣。

對彼德森而言，這些關於氣候變異的古老記載，似乎都顯示海洋環流以及大西洋環境的週期變動。他寫道：「過去六、七個世紀以來，未發生任何足以影響氣候的地質變化。」對他而言，洪水、海水倒灌、海水結冰等，基本上都是海洋環流脫序的現象。他援引加瑪峽灣實驗室的發現，相信如果極地海域的深層海水受到潮汐誘發的海底波浪擾動，就會引發氣候變遷。雖然這些海域表面的潮汐起伏通常不明顯，但在海中鹽度低的冷水與下層鹽度高的溫暖海水交界處，卻有強烈的波動。在引潮力很強的時期，異常大量的大西洋溫暖海水在冰下移動，湧入北極海深處。原本綿延數千平方公里的冰原，開始融化、碎裂。極大量的浮冰進入了拉布拉多洋流，被往南帶進大西洋。由於寒流衝撞紐芬蘭南邊的墨西哥灣流，把灣流往更東邊推，於是能溫暖格陵蘭、冰島、斯匹茨卑爾根及北歐氣候，暖流流向改變，造成海面環流的模式產生變化，而這些模式又與風、降雨以及氣溫息息相關。冰島南部低壓帶的位置也隨之改變，進而影響歐洲的氣候。

雖然根據彼德森表示，極區的劇烈深海波動每十八個世紀才發生一次，但是在不同的時間間隔，例如每九、十八，或三十六年，也會規律發生海底波動現象，和潮汐的週期相符，導致時間較短、較和緩的氣候變化。

一九四〇年夏季歐洲與亞洲北邊海岸沒冰結百艘船在北極航行

比方一九〇三年北極海突然結冰，衝擊了北歐漁業。當時「從芬瑪根（Finmarken）、羅浮敦群島到斯卡格拉克與卡特加特（Kattegat）沿海，鱈魚、鯡魚及其他魚類數量銳減。巴倫支海大部分的海域一直到五月仍處於冰封狀態，而相較於過去，冰緣也較接近莫曼斯克與芬瑪根海岸。北極海豹成群來到這些海岸地區，而有些種類的北極白鮭（whitefish）還遠遷到克利絲提安娜峽灣（Christiana Fiord），甚至進入波羅的海。」當年北極海突然結冰時，地球、月球與太陽的相對位置也正好足以產生第二大引潮力。一九一二年，地球與日月排列位置類似，當時拉布拉多洋流經過的海域也佈滿浮冰，這年也就是鐵達尼號慘劇發生的那一年。

如今我們也正目睹驚人的氣候變化，或許也可以運用奧托．彼德森的理論來解釋。無庸置疑，約一九〇〇年北極氣候就已經開始變化，到了一九三〇年更為明顯，現在氣候變化甚至延伸到副極地與溫帶區域。地球北端的嚴寒天氣顯然正逐漸暖化。

今日在北大西洋和北極海航行更容易，或許最能顯示極地氣候變暖的趨勢。如一九三二年，尼波維茲號（Knipowitsch）在航海史上首次成功環法蘭克喬瑟夫島（Franz Josef Land）一周。三年後俄國破冰船薩德科號（Sadko）從新地島北端出發，先到北島（Severnaya Zemlya）北端，再抵達北緯82°41'，這是當時船隻獨力航行所能抵達的最北端。一九四〇年的夏天，整個歐洲與亞洲北邊海岸完全融冰，逾百艘商船往來於北極航線。一九四二年聖誕節那週，一艘船停泊於格陵蘭西邊的奧波那維克港（Upernavik）（北緯72°43'），在「幾乎永夜的冬天」卸貨。四〇年代，西斯匹茨卑爾根港口的運煤季從世紀初的三個月延長到七個月。冰島附近佈滿浮冰的時間，比上個世紀短了約兩個月。從一九二四年到一九四四年，北極海在俄羅斯一帶的浮冰減少了一百萬平方公里，而拉普帖夫海（Laptev）中兩座永凍冰島嶼完全融化消失，只剩下海底暗礁標示著島嶼的位置。

此外，無人世界的生物活動也可看出北極暖化，許多魚類、鳥類、陸生哺乳類、鯨魚的遷徙與習慣都改變了。

黑鱈鮮少出沒格陵蘭
一八三一年獲兩隻立刻送到動物博物館

許多鳥類有史以來首次出現在很北邊的島嶼，這些南方候鳥包括：美洲斑臉海番鴨、大黃足鷸、美洲反嘴鷸、黑眉信天翁、北方石燕、灶巢鳥、交嘴雀、巴爾的摩金鶯，以及加拿大黃鶯，在一九二〇年之前，格陵蘭並未有這些鳥類的造訪記錄。有些極北地區的鳥類習慣寒冷，不喜歡溫暖的氣候，於是造訪格陵蘭的數量銳減，如北方角百靈、灰斑鴴，以及斑胸濱鷸。自一九三五年後，來自歐美的北方及亞熱帶鳥類造訪冰島的數量暴增，包括林鶯、雲雀、西伯利亞紅喉雀、赤紅大嘴雀、鷚、鶇等鳥類，讓冰島的賞鳥者大飽眼福。

一九一二年，鱈魚第一次出現在格陵蘭的阿馬撒力克（Angmaggssalik），這是愛斯基摩人與丹麥人都沒見過的新魚種。就他們記憶所及，在格陵蘭島的東岸從未出現過鱈魚。他們開始捕捉鱈魚，到了一九三〇年代，鱈魚已成為當地的主要漁業資源，也成為本地人的主食，另外魚油也可做為燈火及暖氣的燃料。

格陵蘭西岸也一樣，鱈魚在世紀之交曾非常稀有，只有在西南岸的幾個地方有小漁場，每年約有五百公噸的漁獲量。到了大約一九一九年，鱈魚開始沿著格陵蘭西岸向北遷移，數量也跟著增加。漁場中心向北移動了四百八十公里，現在每年漁獲量約為一萬五千公噸。

有些魚種在格陵蘭十分罕見，或甚至從未出現過，後來也紛紛現身。黑鱈這種歐洲魚類鮮少出沒在格陵蘭海域，因此一八三一年當地漁民捕獲兩隻的時候，便立刻以鹽保存，送到哥本哈根動物博物館（Copenhagen Zoological Museum）。但是到了一九二四年，鱈魚群中黑鱈已不稀奇。一九三〇年之前在格陵蘭水域並沒有北大西洋鱈魚、單鰭鱈、長身鱈魚，現在卻很常見。冰島也有新魚種出現——喜歡暖水的南方魚類，諸如象鮫、奇特的翻車魚、灰六鰓鮫、旗魚及竹筴魚，有些甚至也出現在巴倫支海、白海，以及莫曼斯克沿岸。

由於北邊海域的溫度不再那麼低，而魚類也往極地移動，因此冰島周圍的漁場更廣了，拖網漁船駛向熊島（Bear Island）、斯匹茨卑爾根以及巴倫支海都能豐收。如今這些海域每年都能捕獲九億公斤的鱈魚，是全球單一魚種漁獲量最大的漁場。不過這種盛況可能只是曇花一現，如果週期開始轉變，海水變冷，浮冰又逐漸往南蔓延，到時人類再怎麼想保存極地漁場，也將束手無策。

但是就目前而言，地球兩極暖化可說是證據確鑿。北方冰河退後的速度之快，許多較小的冰河都已經消失了。如果冰融速度不變，那麼其他冰河也將跟著不見。

就長期而言地球會更溫暖 鐘擺是會擺動的

挪威奧普多山區（Opdal Mountains）的雪地融化後，人類發現了大約西元四〇〇至五〇〇年所用的一種木箭，表示目前這一帶的積雪量是一千四百到一千五百年以來的新低。

冰河學者漢斯．阿爾曼（Hans Ahlmann）指出，挪威的冰河大多「只靠著原有的冰存在，每年都沒有新雪累積」，在阿爾卑斯山山區，過去幾十年來冰河嚴重後退，在一九四七年夏天還釀成「災難」，北大西洋沿岸的冰河都在後退。最嚴重的應屬阿拉斯加，繆爾（Muir）冰河在十二年間後退了約十公里半。

目前南極巨大的冰河還是個謎，沒有人知道這些冰河是否也在融化，或以何種速度融化。不過有其他地方的報告指出，不只有北半球的冰河在縮小。人類從一八〇〇年代開始研究東非幾座高火山的冰河，從那時起冰河就已開始融化，而自一九二〇年之後，冰融速度更快，安地斯山及中亞許多高山的冰河也都在縮小。

極地與副極地氣候變溫和，生長季似乎因而更長，農作收成也更好。冰島的燕麥種植情形已有改善，而挪威的「好年冬」已是常態，就連北歐北方的樹木也快速延伸到過去的林木生長線之外，松樹和雲杉每年生長的速度也比以往快。

氣候直接受到北大西洋暖流影響的國家，溫度改變最明顯。正如我們所知，大西洋向東與向北流動的洋流強度與溫度若改變，格陵蘭、冰島、斯匹茨卑爾根以及北歐所有國家，也會跟著發生冷熱乾澇改變的現象。一九四〇年代從事這方面研究的海洋學家已經發現，海水的溫度與分佈都有顯著改變。流經斯匹茨卑爾根的灣流分支流量大增，帶來大量溫暖的水。北大西洋海面水溫上升，冰島與斯匹茨卑爾根附近的深海水也是如此。而北海和挪威沿海的海水溫度，自一九二〇年代開始也不斷上升。

無疑地，還有其他因素導致極地和副極地的氣候改變。比如自上一次更新世冰河時期以來，我們現在仍處於氣溫爬升的階段，在接下來數千年，全球的氣溫仍會明顯上升，之後再下降，進入另一次冰河時期。不過我們現在面臨的可能是短期的氣候變化，只會持續幾十年或幾個世紀。有些科學家表示，太陽活動一定稍有增加，因而改變大氣環流的模式，導致北歐和斯匹茨卑爾根更常吹起南風，而根據這種觀點，洋流的改變是盛行風向變動的副作用。

但若如布魯克斯教授的想法，彼德森的潮汐論與太陽輻射變化論同樣站得住腳，那麼計算二十世紀處於潮汐變動的哪個週期，應該很有趣。中世紀末的大潮，以及這種現象所引發的冰雪、強風與海水倒灌，距今已有五百多年之久。至於潮汐運動最弱的時候，即中世紀初期溫和的氣候，還有約四個世紀才會再現。因此將來氣溫還會大幅升高，天氣也會變得更溫和。隨著地球、太陽與月球在太空運行，以及潮汐漲退，氣候仍會有所波動，不過長期而言，隨著時間不斷流逝，地球會更溫暖。

無窮的寶藏

海水幻化成豐富奇妙的資源。

——英國作家莎士比亞

海洋的礦物質蘊藏量居地球之冠，平均每四十億公升的海水，就包含一億六千六百萬公噸溶解的礦物質，全球海水所包含的總礦物質量高達約五萬兆噸。雖然各地方的陸地組成物質不斷改變，但根據自然法則，所有的物質最後一定都會進入海中，因此數千年來，海水的礦物質總含量一直在增加。

根據假設，海洋在一開始可能只包含微量礦物質，但長久下來，礦物質含量已逐漸增加。海洋礦物質的主要來源是大陸的岩質地表，在地球第一場雨落下後（新生地球包覆在一團厚實雲層中，這場初雨便是從這些雲層降下，持續了幾百年之久），雨水便開始對岩石產生侵蝕作用，將岩石中包含的礦物質帶入海中。據估計每年流入海中的河水量約達二十七兆公升，這些水會將數十億公噸的礦物質沖進海中。

奇特的是，河水與海水的化學組成極不相同，各種元素的成分比例都完全不一樣。舉例來說，河水中的鈣含量是氯化物的四倍，但在海中兩種元素的比例卻完全相反，海水氯化物的含量是鈣的四十六倍。造成這種差異的主要原因之一，在於海洋生物一直不斷大量吸收海水中所含的鈣鹽，用以生成外殼與骨骼，例如有孔蟲類的微小外殼、珊瑚礁的龐大組織構造，以及牡蠣、蚌類和其他軟體動物的外殼。而另一個因素則在於海水中的鈣元素會沉澱，因此海中鈣含量遠低於氯化物含量。除此之外，河水與海水的矽含量差異也十分驚人。河水中的矽含量大約是海水的五倍。矽是矽藻生成外殼的必要元素，因此河水注入海中的大量矽元素，大多都被海中無所不在的矽藻消耗殆盡，通常在河口附近的海域都會有大量矽藻繁殖。由於海中所有動、植物的化學物質需求量十分龐大，因此每年河水注入海中的礦物質只有少許剩下，海水中溶解礦物質的總量增加速率緩慢。淡水一旦流入海中，馬上會引發一些化學反應，此外流入海中的河水量與總海水量差距極大，這些因素都會使得淡、海水的化學元素含量更不平均。

我們透過採礦或採集海洋動植物自大海取回部分礦物質

除了河水灌注之外，還有其他作用也會將礦物質帶入海中，其中有一些礦物質就來自於陸地深處。每一座火山都會噴發出氯和其他的氣體，這些物質會先進入大氣，然後再經由降雨來到地表或者海面。火山灰與火山岩則將其他礦物質由陸地深處帶至地表，而所有的海底火山也都會從我們所看不到的裂口，將硼、氯、硫和碘等礦物質直接噴發至海中。

這些作用都是單方面將礦物質注入海中，而這些礦物質只有極少數會回到陸地。我們透過直接（如化學萃取和採礦）或間接（採集海洋植物和獵捕海中動物）的方式，設法取回部分的礦物質。此外還有另一種取回礦物質的方式，那就是在陸地漫長、不斷循環的周期中，海洋本身也會將獲得的礦物質回饋一部分給陸地。也就是說，在海平面上升，海水淹沒陸地時，會在陸地上累積沉積物，之後海水逐漸消退，在地表留下沉積岩層。這些岩石中包含了海水與海中的礦物質，但海洋只是暫時將這些礦物質借給陸地，不久後這些物質又經由舊有、熟悉的方式，也就是透過降雨、侵蝕等方式匯集於河川，再經過河水運載回歸至大海。

海、陸之間還有其他奇特的小規模物質交換情形。雖然說在海水蒸發的過程中，水汽進入空中，礦物質則遺留下來，但仍有為數驚人的礦物質進入大氣中，隨風飄送到遠處。這種名為「循環礦物質」的元素在海面波濤洶湧、浪花飛濺或在碎浪出現時，會隨著風飄向陸地，接著和雨水一起落至地面，匯流至河川，最後回歸大海。事實上在大氣中，雨滴形成必須先有核心，而這些飄浮在大氣中的微渺、肉眼看不見的海中礦物質粒子，正是其中一種核心。一般而言靠海地區獲得的礦物質最多，根據公開數據顯示，每年在英格蘭地區，平均每四十公畝能接收到十至十六公斤的礦物質，而英屬圭亞那更能接收到四十五公斤以上的礦物質。位於印度北方的桑珀爾鹽湖（Sambhar Salt Lake）是最佳實例，能證明這種循環礦物質確實會大規模遠佈；每年有三千公噸的礦物質隨著乾熱的夏季季風，從遠在六百四十公里之外的海上吹送到這裡。

哈柏相信從海提煉的黃金足以償付德國一次大戰後的債

海中的動、植物是比人類還優秀的化學家，和這些較低等的生物相比，我們目前從海中萃取礦物資源的方法，仍顯得十分拙劣。這些生物能夠在海中找到極微量的元素，並加以運用，但人類的化學家卻是一直到最近發展出光譜分析等極精密的技術後，才有辦法偵測到這些微量元素。

舉例來說，過去我們並不知道海水中含有釩，後來才在海參類（海參就是其中一種）和海鞘類等行動遲緩的附著性海洋生物血液中發現這種元素。龍蝦和貽貝會攝取大量鈷元素，而各種軟體動物也會從海中吸收鎳元素，但一直到近幾年，我們才有能力找到微量的鈷和鎳。在廣大的海洋中，銅元素的含量大約只佔百分之一，但卻是龍蝦血液的組成成份，會進入龍蝦的呼吸系統，改變血液的顏色，就像鐵元素在人類血液中的作用一樣。

儘管海中礦物質含量豐富，種類繁多，但相較於無脊椎動物化學家的成就，人類從海中萃取礦物質以滿足商業需求的能力，目前仍十分有限。我們已利用化學分析的方式，發現了大約五十種已知元素，或許在我們發展出合適的方法後，還可能發現其他元素。在我們發現的元素中，以五種礦物質含量最多，而且比例十分固定。正如我們所料，目前海中藏量最豐富的礦物質就是氯化納，大約佔礦物質總量的百分之七十八，其次是氯化鎂，所佔比例大約是百分之十一，接著是硫酸鎂，約百分之五，硫酸鈣約百分之三，最後是硫酸鉀，約佔百分之二，其他各種礦物質則佔剩餘的百分之一不到。

在海水所包含的各種礦物質中，大概以金元素最引人遐想。海水覆蓋了地球表面多數地區，這片廣大海洋所包含的黃金總量，足夠讓全世界每個人都成為百萬富翁。但是要怎麼樣才能從海水中取得黃金呢？在一次世界大戰後，德國化學家哈柏（Fritz Haber）開始嘗試從海水中提煉大量黃金，他所付出的心力無人能及，此外他也針對海水中的金元素做了最完整的研究。

哈柏相信從海水中提煉出的黃金量，足以償付德國的戰債，而他的夢想也促使德國建立「流星號」（Meteor）南大西洋考察隊。「流星號」上裝備了實驗室與過濾廠，在一九二四至二八年間，這艘船一次又一次橫越大西洋，採集海水樣本，但是從中取得的黃金量卻比預期少，而從海水中萃取黃金所需的成本，又遠超出成品的總值。這項行動的實際經濟情況大約如下：四十億公升的海水中，大約含有價值九千三百萬美元的黃金，以及八百五十萬元的純銀。但是要在一年內過濾完這四十億公升的海水，必須將二百個面積二百七十五平方公尺，深達一公尺半的大水箱注滿海水，再過濾完畢，而且一天之內必須反覆做兩次。和珊瑚、海綿和牡蠣等生物所過濾的海水量相比，這種成果可能不算什麼，但就人類的標準而言，這種做法並無經濟效益。

最古老的溴元素萃取物是種染料
由腓尼基人從骨螺中抽取

在海洋所包含的所有礦物質中，或許以碘最讓人百思不解。碘是海水中極微量的非金屬礦物，不易偵測到也極難做精密分析，但幾乎在所有海洋動、植物體內，都能發現這種元素，海綿、珊瑚和某些海草體內都累積了大量的碘。顯然海中碘元素一直在不斷產生化學變化，有時被氧化，有時又還原，再次成為有機化合物。大氣與海水之間似乎不斷有交換運動產生，在浪花飛濺時，某些碘元素可能就此進入大氣中，在接近海平面的大氣中，可以偵測到碘元素，不過含量會隨高度而遞減。自碘成為生物身體組織所需的化學元素後，生物對碘的依賴程度與日俱增，如今碘已經成為人類生存的必要元素，這種元素會累積在甲狀腺中，能夠調節我們身體的基礎新陳代謝。

過去人類是從海草之中萃取出碘元素，做為商業用途之用，後來又在智利北方的高漠中發現碳酸鈉的天然硝酸鹽沉積物。或許這種名為「淋積鈣層」（caliche）的原料，是來自於某些史前海洋，當時有許多植物生活於這些海洋中，不過這個論點目前仍有爭議。從積存的鹵水中和油礦層的地下水中，也都可以發現碘的存在，這些來源都與海洋有間接關聯。

海洋的溴含量居全球之冠，目前海洋獨佔世界百分之九十九的溴，而至於岩石中所包含的極少量溴，也都是過去海洋的沉積物。最初我們是從史前海洋殘留在地下水源中的鹵水裡萃取這種元素，現今在沿海地帶（尤其是美國海岸）有許多大型工廠，以海水為原料，從中直接提煉溴元素。幸虧科學家發展出商業生產溴元素的方法，我們才有經過嚴格檢驗的汽油做為汽車燃料。溴元素還可以用於其他許多方面，像是製造鎮定劑、滅火器、底片感光劑、染料以及化學攻擊武器等。

目前人類已知最古老的溴元素製成物就是泰爾紅紫（Tyrian purple）這種染料，是由腓尼基人在染坊裡用骨螺這種紫色海螺製作而成。現今人類在死海地區發現了含量驚人的溴元素，據估計大約有八億五千萬公噸，而這點或許也和骨螺有某種奇特的關聯。死海中的溴元素濃度是其他海洋的一百倍，顯然這個地區一直不斷在補充溴元素。在加利利海底（Galilee Sea）有溫泉直接噴發，而這片海域的海水又會經由約旦河流入死海，因此補充了死海的溴元素。某些專家認為，溫泉中的溴元素來自於古代沉積的數十億隻海螺，這些海螺早在遠古時代就已經在海中形成一層沉積層。

雖然人類過去只能夠從鹵水中萃取鎂，或從含鎂的白雲石等山脈組成岩石之中取得這種礦物質，但如今我們也可以藉由大量抽取海水，並且在其中添加化學物，而萃取出這種元素。四十億公升的海水中大約包含了四百萬公噸的鎂。人類大約在一九四一年左右發展出直接從海水中萃取鎂元素的方法，自此之後，這種礦物質的產量便開始急遽增加。由於美國和其他多數國家所生產的每一架飛機，都包含大約半公噸的鎂金屬，因此在人類能夠從海水中萃取鎂元素以後，戰時航空工業才興盛起來。人類在很久以前就已經將鎂當做是隔熱材料，並利用這種礦物來製造油墨、藥物、牙膏，甚至還用於製造武器，例如燃燒彈、照明彈和曳光彈，此外在其他必須使用輕金屬的產業中也經常使用這種礦物。

天然海鹽規模之大人類製鹽工業遠遠不及

幾世紀以來，在全球各地只要氣候合適，人類就會利用陽光蒸發海水取得海鹽。在熱帶地區炙熱驕陽的照射下，古希臘人、羅馬人和埃及人所收成的海鹽，是全球人類和動物生存的必需品。甚至到現今，在某些乾燥炎熱以及有乾熱風吹拂的地區，如波斯灣沿岸、中國、印度、日本和菲律賓沿海，以及加州海岸地區和美國猶他州的鹽鹼灘，人類仍以日曬法製鹽。

在全球各地的天然低地，陽光、風和海會共同作用，蒸發大量海水並產生海鹽，規模之大是人類製鹽工業所不及。印度西岸的卡奇沼澤地（Rann of Cutch）便是一個例子，這塊地區是一片平原，長、寬分別約為二百九十和一百公里，與大海僅隔著一座卡奇島（Cutch）。颳西南季風時，海水會經由河道進入平原，淹沒整個地區。但在夏季，炎熱的東北季風由沙漠吹來，海水不再湧入這個地區，而之前湧入的海水則聚積在平原上形成水澤，然後漸漸蒸發乾涸成為一層鹽礦，有些地方的鹽礦層甚至厚達幾公尺。

海水上湧淹沒陸地，形成一層沉積層後又消退而去，在地面上遺留許多化學元素，在這些地區我們可以輕而易舉地取得這些礦物質。在地表深處有許多「遠古時代遺留下的海水」（fossil salt water），也就是古代海洋殘留的鹵水，以及「遠古時代的沙漠」，也就是古代海洋在極熱、極乾的狀態下，蒸發乾涸後所殘留的礦物質，還有一層層的沉積岩層，包含著有機沉積物和古代海中溶解的礦物質。

在二疊紀時期，氣候乾熱異常，沙漠遍佈四處，歐洲多數地區都覆蓋於一片廣大的內陸海之下，範圍涵蓋現今的英國、法國、德國和波蘭。當時天候狀況多晴少雨，海水蒸發速度極快，鹽度節節上升，最後開始出現一層層的鹽沉積層。在長達數千年的時間裡，只有石膏沉積下來，這可能表示有時來自大洋鹽度較低的海水會進入這片內陸海，與這裡的高鹽度海水混合。

除了石膏層外，還有一層鹽床沉積，厚度更勝於石膏沉積層。之後隨著內陸海範圍逐漸縮小，海水濃度日漸升高，硫酸鉀鎂沉積層也跟著形成（這個階段大約有五百年），而後大約又過了五百年後，出現了氯化鉀、氯化鎂混合沉積物，也就是光鹵石。在這片內陸海完全乾涸後，沙漠成了主要地形，不久後海鹽沉積層就埋藏於細沙之下。在這些沉積層中，最豐厚的就是著名的斯達斯福（Stassfurt）和亞爾薩斯（Alsace）沉積層，而在古內陸海舊址的外緣區域（如英格蘭區），則只有鹽床沉積層。斯達斯福沉積層大約有七百公尺厚，人類在十三世紀時便已發現沉積層的鹵水泉，而自十七世紀之後，便開始開採這個地方的鹽礦層。

最大的鹽礦床在結凍的塞爾斯湖中連汽車都能通過

而在更早的地質年代中，也就是在志留紀時期，美國北部有一片廣大低地也有鹽沉積層形成，這片低地自紐約州中部延伸至密西根，涵蓋北賓州與俄亥俄州以及安大略省南部某些地區。由於當時氣候炎熱乾燥，覆蓋這片區域的內陸海鹽度變得極高，因此在二百六十平方公里左右的面積裡，留下了一大片鹽沉積與石膏沉積層。在紐約州的綺色佳（Ithaca）共累積了七種不同的鹽沉積層，最上層大約位於地下八百公尺深的地方。在密西根南部，有些鹽沉積層單是一層厚度就超過一百五十公尺，而密西根盆地中央的鹽沉積層總厚度，則大約為六百公尺。人類已經開採了某些地方的鹽礦，也在其他地方鑿了井，讓地下水水位降低，鹵水露出，再將鹵水抽至地表，蒸發成鹽。

美國西部有全球數一數二大的礦物質沉積礦床，是由一片廣大內陸海蒸發乾涸後所形成，這個礦床就是加州莫哈維沙漠（Mohave Desert）中的塞爾斯湖（Searles Lake）。過去海洋曾經延伸至這個區域，但後來山脈隆起，阻斷了這片海域與大洋的連繫，這片海因而成為鹹水湖，之後湖水蒸發，四周陸地的物質又不斷經沖刷而流入湖中，因此剩餘的鹹水鹽度逐漸升高。或許一直到幾千年前，塞爾斯湖才開始慢慢從內陸海轉變為「凍結」湖（含固態礦物質的湖泊），但如今湖的表面已經是一層硬鹽殼，甚至連汽車都能直接通過。

這層鹽結晶層大約有十五至二十公尺厚，下方佈滿了泥漿。近來工程師發現在泥漿層下，還有一層鹽及鹵水層，厚度可能至少與上一層相當。人類在一八七〇年代開始開採塞爾斯湖、採集硼砂，當時以騾隊運送取得的硼砂，每一隊由二十隻騾組成，載著礦物穿過沙漠和山脈來到鐵路。至一九三〇年代，人類開始在湖中發現其他物質，包括溴、鋰、鉀鹽和鈉鹽。如今塞爾斯湖的氯化鉀產量佔全美總產量的百分之四十，也是全球硼砂與鋰鹽的主要產地。

即使經過數個世紀，死海的蒸發作用仍會繼續，因此最後的命運很可能會和塞爾斯湖相同。正如我們所知，死海是一片廣大內陸海蒸發後剩餘的海水，過去這片海域曾覆蓋了約旦河谷（Jordan Valley），總長約三百公里。但如今這片海的長度和水量卻大幅縮減，大約只剩過去的四分之一。在炎熱乾燥的氣候中，死海不斷縮小，海水不停蒸發，海中的鹽度也跟著升高，死海的礦物質含量因而不斷增加。沒有任何動物能夠在死海的鹽水中生存，那些不幸隨著約旦河進入這片海域的魚類，最後都會走向死亡一途，成為海鳥的食物。

死海的海平面高度比地中海低四百公尺，也遠低於全世界其他水體的水平面。這片海域位於約旦河裂谷最低處，這個裂谷是由於這個區域的地殼下陷才形成。死海的海水溫度比大氣高，這種情況更利於蒸發作用，而在海水變得愈來愈苦，鹽份逐漸累積時，海面上也飄浮著海水蒸發後所形成的模糊、半成形雲團。

凡是發現豐厚油田的地方
過去或現在必定有海洋存在

在古代海洋所遺留下的所有物質中，最珍貴的應該就是石油。到底是什麼樣的地質作用才能在地底深處產生這種珍貴的石油礦脈？目前仍無人確知整個過程的來龍去脈。但至少可以確信的是，自海中出現豐富多樣的生物後，至少自古生代開始或甚至更早以前，地球便展開了某些基本作用，而石油便是這些作用下的產物。此外，有時意外發生的大災難也會加速石油的形成，但這並不是主要動力，一般而言陸地與海洋的正常活動，如生物的生與死、沉積物沉澱、海水氾濫與消退以及地殼隆起和下陷，才是石油產生的原因。過去的無機理論主張石油形成與火山活動有關，不過目前多數地質學家都已經摒棄了這種說法。古代動、植物屍體深埋在質地細微的古海洋沉積物之下緩慢分解，很可能就是石油的來源。

或許在黑海或挪威某些峽灣裡靜止不動的海水，最能說明哪些基本條件有利於石油形成。黑海中的生物出乎意料地豐富，主要都生活在上層水域，至於較深的海水中，尤其是接近海底的水域則缺乏氧氣，且充滿了硫化氫。在這些有毒的海水中，絕不可能有食腐動物啃食自上層沉下的海中動物屍體，因此這些屍體就埋葬在細微的沉積物之下。在挪威許多峽灣中，深層水域的海水大多混濁惡臭、缺乏氧氣，這是因為在峽灣灣口有低矮的海底山脊，阻斷了灣內海水與大洋之間的循環。在這些峽灣底層，海水中充滿了有機物分解後所產生的硫化氫，這種物質對生物有害。有時暴風雨會促使異常大量的海水湧入這個區域，洶湧的波濤會翻攪這些滯留於深處的有毒海水，上下層海水混合後，造成生活於淺海的魚群和無脊椎動物大量死亡。而在這椿慘劇之後，峽灣底又會沉積厚厚一層有機物質。

凡是發現豐厚油田的地方，過去或現在必定是海洋所在之處，就連位於內陸的油田和現今海岸附近的油田也是一樣。舉例而言，從奧克拉荷馬油田所抽出的大量石油，就是埋藏在沉積岩層之間的空隙中，而這些沉積岩則是古生代海洋入侵北美這個區域時，所留下的海底沉積層。因此，地質學家在研究石油時，也一再將焦點放在那些「不穩定地帶，這些區域大多時候均由淺海所覆蓋，主要分佈在大陸台邊緣，介於大陸與海底深淵之間。」

北極圈是未探勘的領域
這塊陸地可能是未來的大油田

位於歐洲與近東兩塊大陸之間的地殼凹陷區域便是一例，這塊區域涵蓋了波斯灣、紅海、黑海、裏海以及地中海。至於墨西哥灣與加勒比海則是位於南、北美大陸之間的凹陷區或淺海區，而在亞洲與澳洲兩塊大陸之間，則是有一片綴滿島嶼的淺海，最後還有近似內陸海的北極海。過去這些區域不斷隆起和下陷，可能有一陣子隆起成為陸地的一部分，過些時候又下陷，與入侵陸地的海洋相連。在這些區域下陷成為海洋時，底部會累積厚厚的沉積層，也有各式各樣的海洋動物在這些水域裡生活，這些生物死亡後便會沉至海底鬆軟的沉積層上。

這些區域都含有豐富的石油，例如近東地區，沙烏地阿拉伯、伊朗和伊拉克都有大油田，在亞、澳大陸間的低陷區裡，爪哇、蘇門答臘、婆羅洲和新幾內亞也盛產石油。美洲地中海區是西半球的產油中心，美國已開採的石油資源，有半數來自墨西哥灣北岸，而哥倫比亞、委內瑞拉和墨西哥在墨西哥灣的西緣與南緣，也有豐富的油田。北極圈是尚未探勘的新領域，但在北阿拉斯加、加拿大本土北方島嶼以及西伯利亞靠近北極海沿岸，都有石油滲流，顯示這塊最近從海中隆起的陸地，可能是未來的大油田。

近幾年來，石油地質學家的注意力已開始轉移至新方向，也就是海底。雖然人類無法發掘陸地上所有的石油資源，但或許我們已開鑿了含量最豐富也最容易開採的油田，同時也清楚這些油田的蘊藏量。我們現在從地底抽出的石油，是古代海洋所遺留下的資源。那麼現在的海洋會不會也保留了部分石油，埋藏在海床的沉積岩層之間，上方還覆蓋著幾十公尺甚至幾百公尺深的海水？

位在大陸棚上的近海油井早已開始生產石油。石油公司在加州、德州和路易斯安那州外海，均已探鑽入大陸棚的沉積岩層內，開始開採石油。美國最積極的石油探勘活動都集中在墨西哥灣，由該地的地質史來判斷，這個地區應該含有豐富的石油礦藏。自古至今，墨西哥灣一直都是乾燥陸地或極淺的海灣，來自北方高地的物質全沖入這片區域沉積。最後大約在白堊紀中期，墨西哥灣灣底累積了大量沉積物，開始下沉，因此中央才形成現今的深盆地。

我們了解珊瑚與海綿體內秘密後能從沉積岩層得到物資

透過地球物理探勘，我們可以發現墨西哥灣沿海平原之下的層層沉積岩，均急遽傾斜，並延伸至廣闊的大陸棚下方。在侏羅紀時期所累積的沉積岩層之間，有一層分佈範圍極廣的厚鹽床，可以想見當初這層鹽床成形時，這個區域必定十分炎熱乾燥，以致於海洋縮小、沙漠擴張。在路易斯安那州與德州，有一種名為鹽穹的特殊地景也與這片鹽床有關，而如今我們在墨西哥灣中也發現了類似的地形。這些鹽穹是由手指狀的鹽栓所構成，由地底深處向地表突起，分佈範圍通常不超過一公里半。根據地質學家描述，這些鹽栓「受地球壓力推擠，穿過一公里至四公里厚的沉積層，向地表突起，就像釘子穿過木板一樣。」在墨西哥灣沿岸各州，這種地形結構常與石油礦脈有關聯。而在大陸棚上，鹽穹地形也很可能表示下方藏有豐富的石油。

因此地質學家在墨西哥灣探勘石油的時候，會以鹽穹作為搜尋的目標，因為在這種地形之下，很可能就蘊含了大量石油。地質學家會運用一種名為磁力計的儀器，測量鹽穹所造成的地磁強度變化，而由於鹽的重量會比四周的沉積物要來得輕，因此也可以利用比重計測量鹽穹附近的重量變化，以判定鹽穹的所在位置。除此之外，還可以透過地震觀測研究，記錄炸藥爆破後的聲波反射，追蹤岩層的傾斜度，以了解鹽穹的確切位置和輪廓。

這些探勘方法在陸地上已行之有年，但直到大約一九四五年以後，才被運用至墨西哥灣的探勘活動上。磁力計已經過大幅改良，在由船隻拖曳、飛機載運或懸吊在飛機外時，仍可持續繪製測量結果。現在的比重計可以急速垂降至海底，並利用遙控方式取得數據（過去操作者必須乘坐潛水鐘隨著比重計潛入海中）。地震觀測人員可以乘船在行進中發射炸藥，並做連續記錄。

儘管這些先進儀器能讓研究進展更迅速，但要在海底油田開採石油仍非易事。必須探勘後再租下可能蘊藏石油的地區，然後開始鑽鑿，以確定下方是否確實蘊含石油。海上鑽井平台均以樁柱支撐，而這些支撐樁要打入墨西哥灣灣底七十五公尺深之處，才能承受海浪侵襲，尤其是颶風季的濤天巨浪。鑽油井必須面對海風吹拂、暴風雨捲起的海浪衝擊、濃霧以及海水對金屬結構的侵蝕，同時也必須克服這些危險因素。若要擴大目前的海上鑽井工作範圍，還會面臨許多技術方面的困難，不過石油工程專家並不因這些問題而氣餒。

人類尋找礦物資源，最後常回溯至古代海洋——找到了石油，而這些石油是魚類、海草以及其他動、植物遺骸在高壓下轉變而成，儲存在古老岩層間。找到了蘊藏在地下的豐富鹵水，這是古代海洋所遺留下的海水。找到了層層鹽礦，這些礦脈是古代海洋沉積在大陸表面的礦物質。或許遲早有一天，我們在了解珊瑚、海綿和矽藻體內的化學作用秘密後，就不會如此依賴史前海洋所遺留的資產，而能慢慢開始直接從海洋或淺海沉積岩層中取得我們所需的物質。

擁抱海洋

海洋如此遼闊，令人敬畏，
即使鳥兒展開雙翼，
耗盡一年也難以橫渡。
——荷馬（Homer）

古希臘人認為，海洋是一條無邊無際的河流，環繞於地球邊緣，像輪舵一樣日以繼夜川流不息，而地球盡頭就是天堂的入口。這片海洋無窮無盡，寬廣無限，若有人鼓起勇氣在汪洋中遠航（如果這條遠洋航線真的可行），會先穿越一片黑暗朦朧的迷霧，最後來到可怕混亂的海天交會處，這個區域充滿了漩渦和大開的裂口深淵，隨時等著將旅人拉進幽闇世界，讓他們永無重見光明之日。

西元前一〇〇〇年間的文學作品大多都包含了上述觀點，雖然形式各異，但基本上卻相同，一直到進入西元後，甚至中世紀大多時期，這些觀念仍一再出現。對希臘人而言，他們熟悉的地中海才是「大海」，而在大海之外則是環繞陸地的巨川（Oceanus）。或許巨川最遙遠的彼端，就是眾神與往生者靈魂所居住的地方，也就是所謂的「極樂世界」（Elysian）。因此我們可知，在古希臘的海洋觀點裡，位於海洋彼端遙不可及的大陸或美麗島嶼，已經和世界邊緣的無底洞混淆，但無論如何，環繞在圓盤大陸這個適居世界四周的，必定是無涯大洋，擁抱著世間的一切。

海中怪物在水中游移
野獸在緩慢行進的船四周游動

或許，某些神秘北方地區的故事經過口耳相傳，循著早年的琥珀與錫器商隊的貿易路線傳布四處，為古代傳說增添了幾分色彩，因此在陸緣之說裡，世界邊緣成了迷霧滿佈、暴風雨瀰天亙地的黑暗之境。在荷馬的《奧德塞》中，西米里族（Cimmerian）居住在遙遠的巨川之濱，生活在濃霧與黑暗之中，而根據他們表示，有一群牧人住在長晝之地，當地白晝與黑夜交替十分迅速。腓尼基人經常駕著船漫遊於歐、亞、非三洲海濱，找尋金、銀、珠寶、香料和木材等商品，以和其他國家的國王、皇帝交易買賣，或許早期詩人與歷史學家對海洋的概念，同樣來自於這個民族。這些海上商人很可能就是第一批穿越大洋的人，只是歷史並未記載這點。

至少自西元前二〇〇〇年前或甚至更早以前，腓尼基人的商業活動便已十分興盛，商人們不斷往來於紅海海濱與敘利亞、索馬利蘭、阿拉伯甚至是印度和中國。根據希臘史學家希羅多德的記錄，腓尼基商人大約在西元前六〇〇年，便已從非洲東岸繞行整個大陸至西岸，穿過海克力斯之柱海峽和地中海來到了埃及。但腓尼基人本身卻很少描述和記錄他們的航程，甚至絕口不提，以免洩露他們的貿易路線和珍貴貨物的來源。因此，我們只能根據十分模糊的傳言，加上少數考古發現佐證，來猜測腓尼基人可能曾遠航至太平洋上。

除此之外，我們也只能根據傳言和可能性極高的臆度，來猜測當初腓尼基人沿著西歐海岸航行時，最北可能抵達斯堪地那維亞半島和波羅的海，而他們很可能就是從這些地方取得珍貴的琥珀。目前尚無明確證據顯示腓尼基人確實曾造訪這些地方，想當然爾，他們必定也沒有留下任何書面記錄。不過，他們某一次歐洲之旅卻有留下間接的記載，這次旅程是由迦太基的希姆利柯（Himlico）領軍，在大約西元前五〇〇年沿歐洲海岸向北航行探險，並將旅程種種記載於探險日誌中。雖然他的手稿已經佚失，但是在大約一千年後，羅馬的阿維努斯（Avienus）卻在著作中引述了希姆利柯探險日誌中的敘述。根據阿維努斯的作品，希姆利柯曾表示在歐洲沿岸海域航行十分困難：

> 我們很難在四個月內通過這些海域……在這些地方，空氣流動十分緩慢遲滯，海上幾乎靜止無風，因此船隻無法藉風力前進……波浪中夾帶了許多水草……海水十分低淺……海中怪物不斷在水中四處游移，野獸在緩慢行進的船隻間游動。

這些「野獸」可能是生活於比斯開灣的鯨魚，而比斯開灣後來成為著名的捕鯨場。

這個讓希姆利柯印象深刻的低淺海域，可能是一片淺灘，在法國沿海巨潮的漲落下，時而露出海面，時而沒入水中，這個現象對一個來自地中海、從未見過潮汐起伏的人而言，簡直就是一大奇景。而如果阿維努斯的敘述確實無誤，那麼希姆利柯也曾航行至歐陸西方的大洋中：「穿過海克力斯之柱後更往西方航行，來到廣闊無邊的大洋上……因為這片海域平靜無風，沒有風力可推動船隻……此外，也由於黑暗掩蔽白晝的光亮，迷霧總是籠罩海面，因此過去從未有船隻航行至這個區域。」雖然我們無法確知這些細節是否為腓尼基人刻意捏造，或者只是在重申人類的舊海洋觀點，但同樣的概念在後代的描述中一再出現，一直流傳好幾世紀，直到快進入近代才慢慢消失。

史上頭次展開海洋探險的皮希亞斯最後抵達永晝之境

依據目前的歷史記錄來看，史上頭一次的海洋探險之旅始於西元前三三〇年左右，由馬賽（Massilia）的皮希亞斯（Pytheas）所展開。遺憾的是，皮希亞斯的著作——包括一本名為《談海洋》（On the Ocean）的作品均已佚失，唯一留存下來的，只有後代作家著作中殘缺不全的引文。我們並不了解這位天文學兼地理學家北航當時的詳細情況，但或許皮希亞斯是希望能了解適居陸地或大陸世界的範圍，確定北極圈的位置，並看到永晝之地。或許他早已從商人口中聽聞這些事情，這些商人循著橫越大陸的貿易路線，從波羅的海沿岸帶回錫器和琥珀販售。

皮希亞斯是第一位以天文方法判定地理位置的航海家，此外，他也以其他方式證明了自己在天文學方面的知識能力，並且在探險旅程中運用了較不尋常的技術方法。首先，他似乎繞行了大不列顛群島一周，先抵達謝德蘭群島，而後又出發航向大洋，朝北方前進，最後來到「極北之地」（Thule），也就是永晝之境。根據後人引述，他在進入這個永晝國度後說道：「黑夜十分短暫，在有些地方僅兩小時，有些地方則僅三小時，日落才過不久，又見到日出。」這個國家裡住的都是「野蠻人」，他們帶皮希亞斯去看「太陽落下的地方」。後世專家學者對這個「極北之地」的所在位置多有爭議，有些人認為這個地方就是冰島，而有些則主張皮希亞斯當初是穿越了北海來到挪威，還有人表示，皮希亞斯曾描述在極北之地以北有片「冰凍海洋」，而他的這項敘述似乎較符合冰島的地理位置。

後來黑暗時期來臨，籠罩文明世界，皮希亞斯在探險旅程中所獲得關於遠方地區的知識，對後繼的能人志士而言，似乎已不太重要。地理學家波西多尼烏斯（Posidonius）曾於著作中描述海洋「無限延伸」，他從希臘羅德島出發，一路航向加地斯（Gadir，今名為Cadiz），以探索海洋、測量海潮。此外，當時相傳在日落時分，太陽會沉入遙遠的西方大海，炙熱的紅色星體沒入海水中，會發出沸騰的嘶鳴，波西多尼烏斯也想檢驗這個傳統說法的真實性。

在皮希亞斯公佈他的探險之旅細節後，不到一千二百年，又有另一個人發表詳細的海洋探險記錄，這個人就是挪威籍的奧塔（Ottar）。他向阿弗烈王（King Alfred）描述自己在北方海域的探險之旅，而國王則以直接明白的方式記下他的探險過程，完全未提及海怪或其他虛構的恐怖情節。根據這份記錄，奧塔是史上第一位繞過北角、進入北極或巴倫支海、最後來到白海（White Sea）的探險家。他發現這些海域的沿岸地區都有人居住，而且他在以前就已經知道有這些人存在了。根據奧塔的敘述，他到這些地方「主要目的在於探索這個區域，並研究海象，因為這些動物的獠牙十分珍貴。」奧塔大約是在西元八七〇至八九〇年間展開這趟旅程。

早期航海員在未知海域中與冰層、暴風和饑渴搏鬥

在同一時間，維京人時代也揭開了序幕。一般人認為，維京人較重大的遠航探險之旅，大多開始於八世紀末；但事實上，他們早在之前就已經遍訪北歐多國。根據南森（Fridtjof Nansen）所記錄：「早從三世紀開始至五世紀末，四處流浪的伊路里民族（Eruli）便從斯堪地那維亞半島出航，有時與撒克遜族海盜結夥，航行在西歐海域，在高盧和西班牙海岸掠奪，並在西元四五五年進入地中海，遠達義大利的路卡。」而在六世紀時，維京人就已穿越北海，來到法蘭克人（Franks）的居住地，甚至可能到達英國南方。七世紀初時，他們可能已定居於謝德蘭群島，大約在同時期，赫布里底群島（Hebrides）和北愛爾蘭也慘遭他們劫掠。之後維京人航行至法羅群島及冰島，並且在十世紀的最後二十五年之間，在格陵蘭島上建立了兩個殖民地，不久之後更從殖民地出發，航越大西洋到達北美。

南森認為，維京人的這些旅程在歷史上都具有其特殊的意義在，他在《北方迷霧》之中提到：

挪威的造船與航海技術開啟了航海與發現史上的新紀元，隨著挪威人航海探索，人類對北方陸、海的認識急遽轉變……我們在古代的著作與傳說中，可以看到有關這些發現之旅的記述，其中以冰島地區的相關著作最為豐富。這些航海記錄描述了刻苦航海員在未知海域中的驚險遭遇，他們總是默默與冰層、暴風、酷寒和饑渴搏鬥。

當時的航海員並不像現代的我們一樣，在茫茫大海中，可運用羅盤、天文儀器或其他設備來定位，只能藉日月星辰來判定方向。因此我們很難理解，在連續數天或數星期不見天日時，他們如何找到方位，穿過重重迷霧或渡過暴風雨，但事實顯示，他們就是有辦法找對航向。維京人的無篷船上高張著方型船帆，在大洋中向北方和西方航行，從新地島（Novaya Zemlya）、斯匹茨卑爾根到格陵蘭島、巴芬灣、紐芬蘭至北美……直到五百年後，其他國家的船隻才有辦法航行至這些區域。

歐洲仍傳說闇黑之海時彼端的人已拋除恐懼航越太平洋

不過這些事情傳到地中海的「文明世界」時，已變成十分模糊的傳言。雖然古代挪威人的傳說已明確透露出橫越大洋的實際航線，讓人得以從已知世界進入未知世界，但中世紀學者在文章中仍將海洋視為環繞陸地的遙遠大洋，也就是駭人的闇黑之海（Sea of Darkness）。大約在西元一一五四年，知名的阿拉伯地理學家伊德裡塞（Edrisi）為西西里的諾曼國王羅傑二世（Roger II）撰寫一部地理巨著，並附上七十幅地圖，圖中闇黑之海位在已知的陸地世界以外，構成世界的邊緣。伊德裡塞在敘述表示，大不列顛群島四周的海域「難以深入探索」。他在文中暗示遠方有島嶼存在，但由於「這片海域濃霧滿布，一片幽暗漆黑」，因此船隻很難航行至這些島上。

德國不來梅的學者亞當（Adam of Bremen）在十一世紀所發表的著作顯示，他雖然知道在遠方大洋中有格陵蘭島與酒鄉（Wineland）存在，但還是無法區隔現實與傳統的海洋觀念，仍然認為海洋「環繞全世界、廣大無限，令人望而生畏」，「圍著陸地永無止盡地流動」。古代挪威人發現在大西洋的彼端仍有陸地存在，但即使如此，他們似乎仍相信世界外圍有大洋環繞，只是原有的界限已向外伸展擴大，因為在《王者典範》（Kings Mirror）與《挪威王列傳》（Heimskringla）等北歐編年史記中，都提到了大洋環繞在圓盤大陸外圍的觀念。因此哥倫布和他的船員所航行的西洋（Western Ocean），仍有許多傳說，包括這個海域一片死寂，海水遲滯不流動，海中充滿怪物，水草會困住來往船隻，海上充滿迷霧，陰鬱昏暗，處處隱藏著危險等說法。

然而早在哥倫布出航的數百年前（確切時間尚無法確定），歐洲彼端的人類已經拋除對海洋的恐懼，大膽駕船航越太平洋。我們對當時玻里尼西亞拓殖者，所面臨的艱苦、困難和恐懼所知甚少，只知道他們以某種方法，從大陸來到距離岸邊十分遙遠的島嶼。或許(想必)中太平洋海域的航海環境比北大西洋平和，因此這些玻里尼西亞人才能乘著無篷獨木舟，藉著星辰與海洋的指示，在大海中找到方向，在島嶼之間航行。

我們並不清楚玻里尼西亞人的殖民之行是從何時開始，但就後續遠航行動而言，有證據顯示他們最後一次重大的移民夏威夷群島之行，是在十三世紀展開，在十四世紀中期左右，有一整個船隊自大溪地出發，永久移居紐西蘭。但歐洲人對這些事情一無所知，玻里尼西亞人早就能夠自由航行於未知海域，而在這個時候，甚至過了很久以後，歐洲航海員仍以為海克力斯之柱海峽是通往恐怖闇黑之海的門戶。

麥哲倫在夜晚時分觀察到南方陸地閃爍著無數火光

在哥倫布透露前往西印度群島與美洲的航線、巴爾波亞(Balboa)見識過太平洋、麥哲倫環繞世界一周後，有兩個新觀點隨之興起，且流傳了很久。這兩個觀點一是關於通往亞洲的北方航線，另一個則與大南極洲有關，當時人類相信，在已知的陸地南邊，還有一塊大陸存在。

麥哲倫耗時三十七天才通過南美洲南端的海峽(如今這道海峽便以麥哲倫為名)，在這段航程中，他一直看到南方有塊陸地。夜晚時分，這片南方陸地的岸邊會閃爍著無數火光，因此麥哲倫將它命名為 Tierra del Fuego，意指「火地」。理論派地理學家早已認定南方有塊大陸存在，所以麥哲倫以為他看到的就是那塊南方大陸的近海區域。

繼麥哲倫之後，許多航海家都曾表示發現新陸地，認為那就是人們一直在找尋的偏遠大陸，但最後都證實只是島嶼。其中有些島的位置描述極不明確，如波維特島（Bouvet）。因此人們經過多次反覆找尋，才能在地圖上繪出這些島嶼的確切位置。克古倫（Kerguelen）堅信他在一七七二年發現的荒涼險惡之地就是南極洲，便向法國政府回報，但他在其後出航時，了解自己所發現的只不過是另一座島嶼，因此怏怏不樂地將這座島命名為「孤寂島」（Isle of Desolation），不過後代地理學家卻稱這座島為克古倫島。

庫克船長的旅程目標之一，就是發現南方大陸，雖然他並未如願發現南極洲，不過卻找到了一片海洋。他在南半球高緯地區繞行地球幾乎一周後，發現位於非洲、澳洲和南美洲以南的那塊陸地，完全被波濤洶湧的海洋所包圍。或許他以為南桑威奇群島（South Sandwich）就是南極大陸的一部分，但我們並不能肯定他就是第一位發現南桑威奇群島或南冰洋其他島嶼的人。美國的獵海豹船很可能比庫克船長更早發現這些地方，不過南極地區的探索史，仍有許多空白未解之處留待查證。美國的獵海豹船不希望競爭對手發現這片富饒的海豹獵場，因此絕不透露自己的航程細節。顯然他們早在十九世紀以前，就已經在南極地區外圍島嶼附近作業，因為這些地區的海豹大多在一八二〇年以前便已絕跡。而就在這一年，由帕瑪（N. B. Palmer）船長所指揮的「英雄號」（Hero，當時共有八艘獵海豹船自康乃狄克州的港口出發，英雄號便是其中一艘）發現了南極大陸。一個世紀之後，探險家仍持續發現有關南極洲的新特點，過去地理學家一直不斷想像這塊大陸的樣子，長久以來不停搜尋，並將這個地方當成不解之謎，而如今人類終於可以確定，南極洲也是地表的一塊大陸。

第一批探索的航海員連指南針也沒有是如何找北方航線

同時，人類也在想像地球另一端的北極地區，有一條北方航線能通往富庶的亞洲，這種想望吸引一批又一批的探險隊前往冰凍的北極海域考察。卡伯特（Cabot）、佛洛比西爾（Frobisher）和戴維斯（Davis）都曾出海探查通往西北方的航道，不過全都無功而返，哈德遜（Hudson）甚至遭到反叛的船員流放，獨自一人死於無篷小船中。富蘭克林爵士（Sir John Franklin）於一八四五年率領「魔神號」與「恐怖號」出航，顯然在北極群島錯綜複雜的地形中迷失了方向，雖然後來證實了這條航線確實可行，但當時富蘭克林爵士卻損失了船艦，最後跟全體船員一起罹難。之後來自東、西方的救援船隊在梅爾維爾海峽（Melville Sound）碰頭，這條西北航道（Northwest Passage）因而確立。

此外這個時期人類也一再穿越北極海向東航行，以找尋通往印度的航道。挪威人似乎一直在白海獵捕海象，他們很可能在奧塔展開探險之旅以前，就已經到達新地島沿岸，而雖然一般人都認為斯匹茨卑爾根是由航海家巴倫支在一五九六年所發現，但挪威人很可能在一一九四年就已經發現這個地方。俄羅斯人早在十六世紀便已經在北極海域獵捕海豹，而在一六〇七年哈德遜揭露斯匹茨卑爾根與格陵蘭島之間的海域有大批鯨魚後不久，捕鯨人也開始在斯匹茨卑爾根外海作業。

因此在英國和荷蘭商人開始向北積極探索連結歐亞的航道時，人類至少已經找到北極海的入口，能夠進入這個佈滿浮冰的海域。雖然嘗試的人很多，但很少有人能真正航行到新地島海岸以外的海域，十六、十七世紀時，人類的希望一一破滅，船隻陸續遭難，就連巴倫支（William Barents）等傑出航海家，也因為出海探險時準備不夠充分，而在北極寒冬的磨難下不幸喪生。最後人類終於放棄探尋新航道，一直到一八七九年，人類對新航道的實際需求大多消失之後，諾登許爾德（Baron Nordenskiöld）才乘著瑞典籍的「織女號」（Vega），成功從哥登堡（Gothenburg）航行至白令海峽。

由於經過幾世紀不斷的探險，人類對於闇黑之海不再懷著對未知的迷惑與驚懼。第一批出海探險的航海員連最簡單的航海儀器都沒有，也從未見過航海圖，對他們而言，遠距離無線電導航系統、雷達、音波探測等現代科技，都是超乎想像的奇蹟。從這個角度來看，他們是如何達到上述航海成果？是誰率先使用航海羅盤？航海圖一開始的雛型又是怎樣？而我們現今習以為常的航線當初又是怎麼建立的？這些問題至今仍無確切的答案，我們目前所掌握的資訊，正足以促使我們進一步探究真相。

古挪威人在海上漂流時藉由鳥的飛行方向判斷陸地方位

至於那些神秘的航海專家腓尼基人，我們對他們的航海技術仍一無所知。不過我們倒是可以藉由研究現代玻里尼西亞人的後裔，來掌握更多資訊，透過了解並研究古代玻里尼西亞人，我們也發現了蛛絲馬跡，可從而推測他們當時的航海技術，古代的玻里尼西亞殖民者便是運用這些技術，在太平洋各島嶼之間航行。當然他們似乎也會利用星辰確定方位，當時在那些太平洋平靜海域的上空，星光燦爛明亮，和多風暴、濃霧的北方海域極不相同。在玻里尼西亞人的觀念中，星辰是穿過圓頂蒼穹的移動光線，因此在他們確定哪些星辰會越過目的地島嶼上空後，便會朝那些星星航行。玻里尼西亞人能解讀海洋所透露出的種種訊息，例如各海域海水所呈現出的不同顏色，在地平線遠方，浪花拍擊岩石所激起的水霧，以及飄浮在熱帶海域島嶼上空的雲朵，有時這些雲朵甚至會映出下方珊瑚環礁礁湖的顏色。

研究古代航海術的學者認為，鳥類遷徙對玻里尼西亞人而言也具有特殊意義，他們觀察每年春、秋聚集的鳥群，看著牠們出發飛向大海遠方，不久後又從牠們當初身影消失的飄渺處返回眼前，從這個過程中學到許多。格帝（Harold Gatty）認為，夏威夷人是在金斑鴴於春天返回北美大陸時，跟著牠們遷徙的路徑，從大溪地來到了夏威夷群島。此外他也主張，其他從索羅門群島移居至紐西蘭的殖民者，可能是依循著亮麗杜鵑鳥的遷徙路線而航行。

根據古代流傳下來的習慣與書面記錄，我們可知古代航海員常會帶著鳥類出航，並在航程中釋放鳥兒，再跟隨著牠們回到陸地。玻里尼西亞人利用軍艦鳥來尋找陸地，一直到近代，他們仍將這種鳥當做信鴿，在島嶼間傳遞信息。而在古挪威傳說裡也有相關描述，提到費爾哥達森（Floki Vilgerdarson）利用「渡鴉」找到通往冰島的方向：「由於當時航海員還沒有指南針……因此費爾哥達森在出海時帶了三隻渡鴉……第一隻獲釋的渡鴉往船尾的方向飛去，第二隻筆直向上飛，而後又回到船上，第三隻則是往船頭方向飛，而船員也是往這個方向發現了陸地。」

傳說中常一再出現以下情節：古挪威人在濃霧密佈的惡劣天候裡，在海上漂流了好幾天，不知身在何處，這時他們通常必須藉由觀察鳥類飛行的方向，來判斷陸地的方位。《定居記》（Landnamabok）中便曾描述，航海員從挪威航行至格陵蘭島時，必須與冰島南岸維持一定距離，才能觀察到冰島地區鳥類和鯨魚的動向。在《挪威簡史》（Historia Norwegiae）提到，英高夫（Ingolf）和約爾烈夫（Hjorleif）「利用繩索探測波浪」，因此發現了冰島，由此可見，古挪威人似乎曾在淺海海域做過某種探測研究。

西元後一千年間的航海圖未留下因它被視為機密文件

早在西元十二世紀便有航海員使用指南針來確定方向，但經過了一世紀，仍有學者質疑，航海員為何願意將生命託付給這個顯然極不可靠的工具。不過有明確證據顯示，地中海地區的航海員大約在十二世紀末已開始使用羅盤，而在接下來的一百年裡，北歐也跟著開始使用這項工具。

至於在已知海域航行的船員，早在現代的「航行指南」（Sailing Directions）問世之前數百年，他們已經有類似的指南可參考。航行於地中海與黑海地區的古代航海員，都是以古航海圖（portolano）與古航海指南（peripli）為航海導引。古航海圖是港口圖，主要功用在於搭配沿岸引航或古航海指南，而這兩份資料到底哪一份年代較久遠，目前我們仍無法確知。有些古代沿岸引航（Coast Pilots）歷經數世紀的風霜，倖免於毀損而流傳至今，其中以《西拉克斯航海指南》（Periplus of Scylax）最古老也最完整。當初與這份指南搭配的航海圖已經佚失，不過在西元前四、五世紀時，這兩份資料確實是地中海地區的航海指南。

名為「大洋航行指南」（Stadiasmus）或「環大洋航行」的航海指南，大約撰寫於西元五世紀左右，但內容卻出人意表地與現代的航行指南十分相近，不但標明了各地點之間的距離，指出哪些風向有利於航海員到達哪些島嶼，還介紹了停泊處或補給淡水的地方。舉例而言，我們在這本指南中會看到：「從賀邁伊（Hermaea）到白海灘（Leuce Acte）的距離為二十斯塔達（譯註：stadia，古希臘的長度單位，一斯塔達大約相當於一百八十五公尺），在這段航程中有一座低矮島嶼，與陸地相隔二斯塔達，貨船可停泊此處，藉西風靠岸，岬角下方的海濱為寬敞錨地，可供各種船艦停泊。如欲補給淡水，可至著名的阿波羅神廟補給。」

布朗（Lloyd Brown）在他的著作《地圖物語》（Story of Maps）中提到，西元後一千年間的所有航海圖正本均未能保留下來，至少目前仍無人確知這些航海圖是否仍保存完好。布朗認為這是由於早期航海員均小心翼翼，不願透露他們的海上通路，因為航海圖是「建立大事業的關鍵」和「致富之道」，所以這種極機密的文件絕不能對外透露。由此可知，雖然現有最早的航海圖是威斯康提（Petrus Vesconte）在一三一一年所繪的地圖，但或許在此之前，就已經有許多航海圖存在。

荷蘭人瓦赫納爾（Lucas Janssz Waghenaer）是第一位將航海地圖集結成冊的人，他所編纂的《航海明鏡》（Mariner's Mirror）於一五八四年出版，內容涵蓋西歐由須德海（Zuyder

Zee）至加的斯（Cadiz）沿岸的航線。這本地圖集出版後不久便有多國譯本問世，而且改版後其內容涵蓋的區域更廣，包括了謝德蘭群島以及法羅群島，甚至連俄羅斯北岸遠至新地島的海域都包含其中，因此多年以來，荷蘭、英國、斯堪地那維亞和德國的航海員，都是遵照瓦赫納爾的指示，穿梭在東大西洋海域，從加那利群島（Canaries）航行到斯匹茨卑爾根。

莫銳的航行指南
讓美東到澳洲的航程省了二十天

十六、十七世紀，東印度群島的資源引起西方各國的激烈競爭，在這樣的刺激下，民間企業於是先於政府單位，開始繪製精確航海圖。東印度公司（East India companies）僱用水道學家繪製獨家地圖，並將這些往東方的航道視為寶貴的商業機密，小心翼翼地保守。不過在一七九五年，東印度公司的水道學家達爾林普（Alexander Dalrymple）進入英國海軍服務，在他的指導下，英國海軍開始研究全球海岸，從而培養出現代的英國海軍領航員。

不久之後，有一名青年加入美國海軍，這個人就是莫銳（Matthew Fontaine Maury）。莫銳上尉在短短數年之間就成為全球知名的航海專家，他的著作《海洋地理》（The Physical Geography of the Sea）可說是現代海洋科學的基礎。莫銳在軍艦上服役數年後，升任為現在海道測量部（Hydrographic Office）的前身——航圖與儀器站（Depot of Charts and Instruments）

的主管，並從航海員的角度，開始實際研究海風與洋流。在他的努力與積極行動下，全球合作體系因而建立，各國的船長會將航海日誌送到這個機構，莫銳透過這種方式蒐集航海資料，經過整理之後加進航海圖中，然後再將更新後的航海圖回送給這些合作的航海員，以做為報答。

不久後莫銳的航行指南成為全球矚目的焦點，因為船隻若依他的指南航行，從美東至里約熱內盧的航行時間可節省十天，到澳洲能省二十天，而從美東繞過合恩角到加州的航程，更是少了三十天。由莫銳所建立的航海資訊合作交流體系運作至今，海道測量部發行的航海圖更是直接改編自莫銳的航海圖，書中題詞寫道：「本圖冊以莫銳擔任美國海軍上尉期間的研究結果為根據。」

我們在當代全球各沿海國家所發行的航海指南和沿岸引航中，可發現目前最完整的航海導引資訊。這些航海著作是現代與過去的巧妙融合，書中某些資訊顯然來自冒險故事裡的航海指引，或過去地中海航海家的航海指南。

讓人又驚又喜的是，當代的航行指南中除了包含利用雙曲線長程導航系統來定位，還建議航海員像一千年前的古挪威人一樣，在濃霧中利用飛鳥或觀察鯨魚動態以找到陸地。在《挪威航海指南》（Norway Pilot）中，便有以下敘述：

> 珍瑪煙島（Jan Mayen Island）若有大群海鳥出現，則表示陸地就在不遠處，此外海鳥群棲地傳來的鼓譟聲也有利於判斷陸地的方位。
>
> 熊島（Bear Island）群島四周海域有許多海雀，船隻在濃霧中航行時，可利用這

些鳥群和牠們飛往陸地時的飛行方向，再加上探測繩索一起使用，極有利於判斷島嶼的位置所在。

近代出版的《美國航海指南》（United States Pilot）在描述南極洲時也指出：

航海員應觀察鳥類生活，通常可從特定鳥類身上推論出某些道理。如果看到鳥群紛飛……就可以確信陸地就在附近……雪燕必定與冰雪有關，從牠們的飛行方向可預知風雪的情況，這對航海員極為重要……噴著氣的鯨魚通常會游向開闊大洋。

海洋就像流淌不息的河是萬物之始與最後的歸處

有時航海指南在描述偏遠海域時，只記述了捕鯨人、獵海豹人或舊時漁人所流傳的知識，說明某海峽的適航性或某些洋流的特性，或只附了一張半世紀以前所繪製的航海圖，由最後在此區探測的船艦所繪成。通常這些指南一定會提醒航海員，在進入這些海域前，必須先詢問「對當地情形十分了解的人」，以獲得更多資訊。從以下敘述我們就能體會到，海洋對人類而言一直都是未知神秘的世界：「據說，那個地方原本有島嶼……這些資訊來自於對當地情形十分了解的人……不過可信度仍有待商確……一位古代獵海豹人曾表示在這裡看過沙洲。」

人們對於全球各地的少數偏遠地區，依舊存有自古以來對海洋的恐懼感。不過這種感覺正在快速消失，人類對多數海域的面積大小都已瞭若指掌，只有在談到深海時，我們才又萌生出黑暗之海的想法。人類花了數個世紀才將海表情況繪製成圖，相較之下，我們對深海世界的了解顯然快了許多。不過即使現今有許多現代儀器可用於探測深海、採集樣本，也沒人敢說我們總有一天能解開海洋最後一個大秘密。

就更廣義的角度來說，另一個自古流傳下來有關海洋的概念仍然存在，因為海洋就圍繞在我們四周，各大陸之間的商業往來都要經過海洋。吹拂過大地的風，是在廣大無邊的洋面上生成，而終有一天，也會回到海面上。陸地本身受到侵蝕，分解的部分會變成碎屑進入海中。雨水來自於海洋，最後又匯集成河，流回大海。在遙遠神秘的過去，海洋是所有生命的起源，而這些生物可能經過無數次的演變，最後殘骸又回到海中，因為世上一切最後都會回歸大海，這條巨川就像自洪荒時期就川流不息的河流，是萬物之始，也是萬物最後的歸處。

古希臘人認為

海洋是一條無邊際的河

環繞於地球的邊緣

似輪舵般日以繼夜川流不息

而地球的盡頭就是天堂的入口

大藍海洋/瑞秋．卡森（Rachel L. Carson）著；余佳玲、方淑惠譯. -- 二版. -- 臺北市：柿子文化，2017.09 面； 公分. — （CIRCLE.5）
譯自：The Sea Around Us
ISBN 978-986-95067-3-1（平裝）

1.海洋學

351.9 106012842

CIRCLE.5

大藍海洋

原書書名 The Sea Around Us
原書作者 瑞秋．卡森（Rachel L. Carson）
翻　　譯 余佳玲、方淑惠
封面設計 Wener
主　　編 陳師蘭
總 編 輯 林許文二

出　　版 柿子文化事業有限公司
地　　址 11677臺北市羅斯福路五段158號2樓
業務專線 (02)8931-4903#15
讀者專線 (02)8931-4903#9
傳　　真 (02)2931-9207
郵撥帳號 19822651柿子文化事業有限公司
投稿信箱 editor@persimmonbooks.com.tw
服務信箱 service@persimmonbooks.com.tw

業務行政 鄭淑娟、林裕喜

初版一刷 2006年4月
二版一刷 2017年9月
定　　價 新台幣350元
I S B N 978-986-95067-3-1

CIRCLE.5

CIRCLE.5

CIRCLE.5

CIRCLE.5